发现航空

——航空文明探究与思考

王钟强　编著

航空工业出版社
北京

内容提要

本书以航空改变战争面貌——航空在战争中的作用和当代中国的空中力量为开篇，进一步介绍了航空改变人类社会生活、航空引领科技发展，展望了航空新技术、研制中的军用航空器和未来的民用航空器。通过通俗易懂的语言、丰富多彩的图片，让读者更好地认识航空、了解航空、学习航空相关知识。

本书可供中小学生，以及其他对航空、飞行感兴趣的读者阅读；也可作为航空科普活动的教材使用。

图书在版编目（CIP）数据

发现航空：航空文明探究与思考／王钟强编著．--北京：航空工业出版社，2019.9

（青少年航空研学科普丛书）

ISBN 978-7-5165-2009-3

Ⅰ．①发…　Ⅱ．①王…　Ⅲ．①航空－青少年读物　Ⅳ．①V2-49

中国版本图书馆 CIP 数据核字（2019）第 185821 号

发现航空——航空文明探究与思考

Faxian Hangkong——Hangkong Wenming Tanjiu yu Sikao

航空工业出版社出版发行

（北京市朝阳区北苑 2 号院　100012）

发行部电话：010-59773006　010-85672462

中国电影出版社印刷厂印刷　　全国各地新华书店经售

2019 年 9 月第 1 版　　2019 年 9 月第 1 次印刷

开本：787×1092　1/16　　印张：9.75　　字数：200 千字

印数：1-5000　　定价：49.00 元

丛书序

习近平总书记指出，科技创新、科学普及是实现创新发展的两翼，要把科学普及放在与科技创新同等重要的位置。党的十九大报告中也强调，弘扬科学精神，普及科学知识。

中国航空事业的发展需要全社会的支持，普及航空知识，培育航空文化，营造良好的社会氛围，是航空人的重要责任。广大青少年是中国航空发展的未来，将青少年航空科普纳入到航空文化普及的活动中，从青少年开始加大航空人才培养力度，对于推动航空科技、航空文化的传承与创新，加强青少年国防、军事教育等均具有重要意义。

值此中国航空事业 110 周年之际，中航出版传媒有限责任公司出版了“青少年航空研学科普丛书”，针对小学高年级至高中阶段学生不同的年龄特点，由浅到深，动脑、动手并举，让读者从各个角度认识航空、走近航空、学习航空知识。

丛书包含《感知航空——用双手触摸航空梦想》《探索航空——飞行原理探究与实验》《体验航空——航空模型制作与放飞》《发现航空——航空文明探究与思考》四册。丛书从有趣的古今中外的航空故事、形形色色飞行器的辨识，到飞行原理探究、飞机的稳定性与操纵，从飞机在战争中的重要作用、空中力量的战略地位、航空先驱的探索精神和爱国主义情怀，到民用航空造福人类、未来航空科技发展等，为读者提供了全面了解和学习航空科普知识的素材。

丛书配套了大量的航空模型制作活动，由浅到深，由理论到实践，由简易到进阶，让广大读者在实践中感受科学，在制作中体会快乐，在飞行中播种“航空梦”。

希望“青少年航空研学科普丛书”能启发读者对航空、对科学的兴趣，助力青少年航空梦想的落地、生根、发芽和壮大。更期望同广大读者一起见证和分享航空事业的进步，同时越来越多的青少年成为中国航空事业的主力军，为建设航空强国而奋斗！

中航文化有限公司总经理

2019 年 9 月

目录

第一章

航空改变战争面貌

一、航空把战争带进三维空间

在有文字记载的几千年历史中，人类经历了近 1.5 万次大大小小的战争。从过去的战争形态看，人类先后历经徒手战争、冷兵器战争、热兵器战争和机械化战争等多种形态，目前正在向信息战形态转变。战争形态的每一次转变都是以武器装备为标志来划分的，铭刻下科技进步的印记。

在上述几种战争形态的变革中，随着飞机的发明，航空技术将战争从二维平面空间发展到三维立体空间，把人类社会进入 20 世纪之前一直持续了几千年的陆战或海战带到了天空，从二维的平面战争变成了三维的立体战争。

飞机问世不久，人们便有了把它用于军事目的的想法。意大利著名空军理论家杜黑在 1909 年就说，“现在我们已充分认识到海洋的重要性，但不久的将来，取得空中优势将更为重要”。

飞机发明还不到 8 年，即于 1911 年意土战争中第一次走上战场，在空战历史上创造了 7 项“第一”：第一次在土耳其军队阵地上空进行航空侦察；第一次在目标上空盘旋时遭到地面火力杀伤；第一次带 4 颗各重 2 千克的手榴弹从空中投下，开轰炸之先河；第一次从空中撒传单展开宣传；第一次在飞机座椅上固定安置了一架照相机尝试进行空中照相侦察；第一次进行夜航巡逻侦察和轰炸；第一次由于飞机出现意外故障，飞行员迫降到敌方阵地当了俘虏。

技术与装备对于战争形态的改变是渐近式的，遵循从量变到质变的基本规律。通常一种新的武器在刚刚出现的时候，受制于本身的技术条件与作战能力，很难立即改变战争面貌而上升为战场的主导性力量。

1. 一战中飞机初次登场

1914年，当第一次世界大战（简称一战）爆发时，欧洲的几个主要交战国最多有375架可用的战斗机。德国有180架适于执行观测任务的飞机，再加300架教练机和13艘齐伯林飞艇；法国有130架；英国只有65架。这些飞机不是为军用而设计的，没有武装，全都用木料和金属线制造，机翼和机身以涂上胶的布覆盖。

当时的飞机既没有探测设备，也没有通信设备，只能靠飞行员的肉眼去观察和发现目标。这就决定了飞机在一战前期的使用主要有两个目的：一是空中侦察，二是同炮兵配合校正炮弹落点。另外，当时的飞机还是没有座舱盖的敞开式飞机，飞行员在座舱内用手投掷炸弹来完成对目标的轰炸，命中精度可想而知。由于飞机上没有通信设备，也无法实现飞机之间及飞机和地面指挥部的联系，所以一战初期的空战多为单机近距离“缠斗”，不可能出现大规模的空中作战。

在战争的头几个月里，双方驾驶员甚至还恪守中世纪骑士礼仪，禁止企图伤害飞行员同行的行为，即使他是敌人。但这种局面很快就改变了。为了保守自己的军事机密，必须赶走甚至击落敌机。飞机很快变成破坏性的战争武器。

1916年德国空军装备的福克EⅡ战斗机

战争对装备技术的推动作用是十分显著的。整个一战，就是英国、法国和德国为了争夺空中优势而不断推出新型战斗机，你追我赶，互相交换领先位置的过程。可以说，是战火炼就了飞机的钢筋铁骨，飞机又使战争演化得更加血腥残酷；战火催生了新秀飞机，新秀飞机又燃旺了战火……如此循环往复。

手枪、步枪，还有机关枪，很快被带到空中，用于与敌机作战。为了不让子弹打坏自己飞机的螺旋桨，桨叶叶柄上先是安装了钢制的偏导板，接着有人发明了机枪射击断续器和射击协调器。这些设备的出现使真正意义上的空战拉开了序幕。随着空战的开始，不断提升战斗机的性能成为作战双方最为关心的事情。双方围绕飞机的飞行速度、俯冲速度、爬升率、转弯半径展开激烈的竞争，不断有新式飞机涌现。为了咬住对手的尾巴或摆脱对手的尾追，许多高难度的机动动作——翻筋斗、半滚倒转、殷麦曼滚翻……应运而生。

最早的炸弹是手榴弹，由观察员装在衣兜里，等低空飞行时扔出去。由于地面部队的扫射，低空飞行很不安全，而在较高高度扔出去的手榴弹到半空中就爆炸了。最初的炸弹就像是带尾翼的飞镖，被成筐地扔向地面。随后才出现了真正的炸弹，再后来又出现了重量较大的投放武器，并要求飞机上有挂弹架、瞄准具和投放机构。因此，就需要专门设计轰炸机。

原始的飞机投弹

一战后期的飞机，性能较早期飞机有了惊人的提高。当时战斗机上都安装了 4 挺甚至 6 挺机枪。法国人从早期就开始试验口径达 37 毫米的大口径航炮，还使用了原始的电点火式火箭。德国人生产了专用航空机关炮，甚至还生产了多管机枪，这是现代航空武器的先驱。

在设计方面，一战结束时，战斗机性能水平已反映出交战方在 4 年艰苦战斗中取得的经验教训。飞机发动机功率达到 150~185 马力（1 马力 ≈ 745.7 瓦）；正常飞行速度超过 160 千米 / 时。

（1）一战的典型飞机

一战推动航空技术迅猛发展。到一战结束时，飞机还不满 15 岁，但战争的考验使它从“少年”一跃而成为强壮的“成年人”。原来只有几个人用木材和蒙布拼拼凑凑制造飞机的分散的工棚，如今已成为规模不断扩大的工厂。飞机本身也从初期看上去摇摇晃晃的“飞行怪物”变成全金属机身加悬臂机翼的标准飞机。更重要的是，发动机有了突破性的进展，使飞机可以做得更大，飞得更快、更高、更远。在4年战争期间，交战双方共生产了近20万架飞机，宣告飞机制造业已成为一项新的产业。

一战期间最有代表性的几种飞机如下。

——制造“福克灾难”的福克E型战斗机

安东尼·福克是荷兰人，但他设计的飞机在德国受到重视，于是他就到德国开办飞机厂。从1915年到一战结束，福克厂生产了一系列性能优异的战斗机，总数达3500多架，构成德国空中力量的中流砥柱，其中最著名的是福克E、福克Dr.I和福克D.VII等。

福克E（E是德语“单翼机”Eindecker的第一个字母）的诞生有一段故事。原始的空战是双方飞行员持手枪对射，但很快，情况发生了变化。1915年4月1日，法国飞行员加罗斯在他的飞机上装上了一种原始的空战设备——一挺固定在座舱前面机身上的机枪，机枪能沿着航线方向向前射击，并在螺旋桨上装有滑弹板，能让可能击中螺旋桨叶片的子弹偏转方向。在巡逻中，加罗斯遇到一架德国的“信天翁”观察机，随即开火，“信天翁”应声坠落。大多数史学家认为，这便是现代空战的起源。在随后的两周中，加罗斯用他的新武器又击落两架德国飞机。这样，法国战斗机耀武扬威、不可一世，在西线取得了空中优势。但好景不长，4月19日，加罗斯的飞机被德国地面防空火力击伤，迫降在德军控制区，连人带机成了德军的俘虏。德军统帅部搞清了加罗斯飞机上原始空战装置的奥秘，立即下令仿制，用来装备自己的飞机。福克在令人难以置信的48小时内，在滑弹板的基础上发明了“机枪射击协调器”。这是一种新型凸轮系统，能协调螺旋桨和机枪射击同步，当桨叶与枪管呈一线时，机枪自动停止击发。这样，飞行员不再为子弹会打中飞旋着的桨叶而犯愁了。这项革新使德军飞机的攻击能力和命中率大大提高，空中优势一下子转到德国方面。

1915年6—7月间，福克EⅠ和EⅡ型飞机相继交付部队，8月起又交付了福克EⅢ型。9月1日，德国空战能手殷麦曼驾驶福克EⅢ首次击落一架来袭的英国轰炸机，这是军用飞机向争夺制空权迈出的第一步。从此，飞机不只用于击落侦察气球，也用于攻击敌方飞机。福克E战斗机开始大量击落协约国的飞机，空战形势发生了有利于德国的一边倒的戏剧性变化。这也是空战史上被称为“福克灾难”时代的开端，给协约国作战飞行员心理上带来巨大的震撼。每次出发时，地面部队戏谑地称他们是给福克飞机“喂料”去了。德国王牌飞行员中，不少都是驾驶福克飞机作战的，其中波尔克创造了 40∶0 的战绩；而里希特霍芬居然建立了 80∶0 的战功，他的座骑正是全身涂成红色的福克 Dr.I 三翼机。

——一战法国名机斯帕德

一说到斯帕德（SPAD），和一战中的福克、纽波特、“骆驼”等名字一样，人们脑海里就会浮现出“空中骑士”的形象，当年为数众多的王牌飞行员就是在这些飞机上展示自己的大无畏风采的。

收藏在博物馆里的斯帕德战斗机

斯帕德是法国航空先驱迪伯杜辛在 1910 年 2 月建立的飞机制造厂的缩写，后来成为该厂生产的飞机的品牌名称。在总设计师贝秀罗的领导下，该厂于 1912 年和 1913 年设计出很多知名的单翼竞赛飞机，创造了当时的飞行速度纪录。1914 年一战临近，贝秀罗转向制造军用飞机。

采用当时刚问世的 140 马力“西班牙 - 瑞士”V 形八缸水冷发动机，贝秀罗设计出最初的斯帕德飞机。斯帕德飞机有一个尾部收缩的狭长形机身，装有一对矩形平面无上反角的双层机翼。翼间安排了坚固的支柱与张线。机头的方形发动机罩壳四周修圆，并且开有许多散热缝隙。一条排气总管横在机身侧面，座舱是敞开式的，螺旋桨为木质两叶式。斯帕德飞机拥有良好的速度性能和爬升性能。

随着发动机的单机功率从 140 马力逐年提高到 300 马力，斯帕德多种改型的飞行性能也获得稳步提高，使之能长期对抗德国不断涌现的新机型。斯帕德战斗机不仅成为替代纽波特战斗机的后继型号，而且出口美国、意大利、英国和俄国，成为第一次世界大战中、后期协约国军队的主力机种之一。

S.VII 和 S.XIII 是斯帕德系列的主要型号，其中仅 S.XIII 型就生产了 8472 架，在当时是很高的产量了。斯帕德 VII 虽然只有一挺机枪，但是很多飞行员用它击落了大量敌机，造就出一大批王牌飞行员，包括战果为 75 架的法国一号王牌丰克、战果为 54 架的二号王牌居内梅、战果为 34 架的意大利头号王牌巴勒克和战果为 26 架的美国头号王牌里肯巴克等，都驾驶过斯帕德飞机。

不容否认，斯帕德飞机也有缺点，它的

下滑角很大，不太容易驾驶，加上它的着陆速度高达 96 ~ 120 千米 / 时，特别是在起飞不久和着陆进场阶段发动机停车的话，会造成飞机发生机毁人亡的事故。

——英国一战格斗王“骆驼”

一战中飞机在空中流行过你追我赶的“缠斗”战术，而真正能把这种战术运用自如的战斗机，除德国的福克 Dr.I 和法国的纽波特之外，便是英国索普威思飞机公司开发的“骆驼”战斗机了。“骆驼”凭借敏捷的盘旋性能和强大的前射火力，曾在 1917 年 7 月至 1918 年 11 月参战的 16 个月击落敌机 1294 架，创造了一战中单机种战果纪录之最。另外，一战头号王牌、击落过 80 架飞机的德国人里希特霍芬（绰号“红男爵”），据说也是被加拿大飞行员布朗驾驶“骆驼”击毙的。

索普威思公司在一战前和一战期间开发出一系列战斗机，它们的共同特点是结构紧凑、零件少、重量轻和作战火力较强。1916 年 12 月 22 日首次试飞的“骆驼”是设计师赫伯特·史密斯的作品，是英国第一个装有两挺固定式向前同步射击的机枪的战斗机。它采用普通的双层机翼，机头处“克拉盖特”气缸旋转气冷星形活塞发动机有金属薄壳整流罩。“骆驼”在发动机的上部并列安装两挺机枪。机枪上方有一个鼓包，形似驼峰，所以取名“骆驼”。

“骆驼”战斗机战果累累，主要得益于它极端灵敏的操纵性。“骆驼”的动力装置、油箱和两挺机枪全部安排在机身的前 2.1 米长度范围内。由于飞机的质量高度集中在重心的附近，使飞机变得异常灵活。一般来讲，

英国索普威斯飞机公司“骆驼”战斗机

当敌机刚完成两周盘旋，“骆驼”却可飞完三周，说明它拥有更大的角速度。这种性能对当时的空中格斗必须先咬住目标的战法极为有利。

“骆驼”的这些特性具有两面性：掌握了其特性的飞行员，能把它的特质变成作战中有力的武器，使它成为最出色的战斗机；但对于部分新飞行员来说，过度的灵活又成了“危险的杀手”，因为操纵稍有不慎，飞机极易进入螺旋状态而无法改出，有些年轻的飞行员在训练过程中就断送了性命。

“骆驼”总共生产了5140架。到战争临近结束的1918年10月底，英国皇家空军拥有2677架不同型别的“骆驼”，大部分部署在法国和比利时使用。

——一战著名轰炸机 DH.4

在英国，德·哈维兰被推崇为“英国所有航空先驱中最了不起的人物”，他从

美国1923年发行的以DH-4为图案的邮票

1908年就开始设计和制造飞机。1911—1912年他先后研制出FE.1、FE. 2（创造过飞行高度3960米的世界纪录）和装拉进式螺旋桨的BE. 1战斗机，后者成为一战初期英国空中作战的主力飞机。1914年，德·哈维兰加入艾科航空公司，任总设计师和试飞员，在这里他首次推出了以自己的名字DH.冠名的飞机——从DH. 1到DH. 18。其中，最值得一提的是1916年8月首次试飞

收藏在美国空军博物馆里的DH-4B

的 DH. 4。

DH.4 是一种轻型双翼双座作战飞机，旨在执行空中侦察和日间轰炸机任务。飞机的武器和军械包括一挺 0.303 英寸(7.7 毫米)维克斯机枪（飞行员用）和另外一挺 0.303 英寸的刘易斯机枪（供观察员使用）。此外，可以携带一对 100 千克炸弹或最多 4 枚 51 千克的炸弹，它是一战中最成功的快速轰炸机和侦察机。该机比当时德国战斗机飞得都快，最大时速 220 千米，而且操纵性和可靠性都很突出。DH. 4 总产量达 6295 架，其中英国生产 1449 架，美国引进生产了 4846 架之多，一直服役到 1932 年。

美国引进 DH.4 还有一段故事。当美国 1917 年 4 月 6 日参加一战时，它的陆军信号兵团航空科（即现在美国空军最早的前身）完全没有做好参战的准备，根本没有装备任何适合作战的飞机。然而，既然已经确认有参战的必要，美国就要想方设法生产出达到当时水平的作战飞机。当时担任陆军信号兵团航空科科长的斯奎尔少将从英国、法国和意大利请他们的工程师到美国来访问。与此同时，派博林上校率领由 100 名美国工程师和军事计划官员组成的“博林代表团”于 1917 年 6 月到欧洲去考察航空技术，寻找适用的飞机弄回美国来生产，最后相中了英国的 DH.4。

1917 年 7 月 27 日，一架 DH. 4 样机运抵纽约用于研究。10 月，在俄亥俄州代顿以北选择了一块叫麦库克的地方，建设了航空工程和试验中心。那架 DH.4 样机也搬到代顿，作为制造新飞机的样板。根据军方的订货，波音、代顿－莱特、费舍尔和标准飞机 4 家公司参与共同生产这种美国化的 DH.4 飞机，为了给美军使用，相比英国原准机，改型机有些改动，配上美国造的机枪、仪表和一台“自由”发动机，新飞机定名为 DH–4，向各家制造商总共订购了 9500 架（由于一战在 1918 年 11 月 11 日就结束了，最后没有全部生产）。美国制造的第一批 DH–4 于 1918 年 5 月运到法国，8 月参战，到战争结束，运到法国的 DH–4 有 1885 架之多。可以说 DH–4 是世界航空史上头一次大规模出现的“山寨机”。

（2）一战的王牌飞行员

“王牌”一词在英文中为 Ace，它源于一个法文词，原意指体坛英雄和体育巨星。1915 年，法国人首先将它用来赞誉第一位击落 5 架敌机的飞行员罗兰 · 加罗斯，从此这个词成为优秀飞行员的代称。击落 5 架敌机也相应成为获得“王牌”称号的最低标准。

一战是产生王牌飞行员的第一个高峰期。自加罗斯之后，参战各方都产生了一大批战功赫赫的王牌飞行员。德国击落 40 架以上的有 12 人，最高的是里希特霍芬，击落 80 架，这也是当时的世界最高纪录。法国击落20架以上的有14人，最多的是勒内·丰克，击落75架。英国击落40架以上的有14人，最高的是E·曼诺克，击落73架。美国击落10架以上的有9人，最高的是爱德·里肯巴克，击落26架。

杀敌如麻，这是王牌飞行员最本质的内涵，同时也是其巨大的价值和魅力所在。王牌飞行员的歼敌效率是极其惊人的。据统计，在一战中，法国共有1500多名战斗机飞行员参战，共击落敌机2049架，其中908架是被52名王牌飞行员击落的，也就是说，占飞行员总数不足4%的人包揽了总战绩中的40%。整个协约国击落的3138架德机中，2023架是协约国105名王牌飞行员的功劳。

历史上第一个登上“王牌”宝座的加罗斯，尽管他只击落了5架敌机，与一战击落敌机最多的大咖“王牌”们相距甚远，但作为第一个在不到20天的时间里连续击落5架飞机、第一个达到后来被公认为“王牌飞行员”标准的人，他的名字永远被铭记在航空史册的显著位置上。

——第一个登上“王牌”宝座的加罗斯

罗兰·加罗斯出生在南非开普敦，10多岁时来到法国巴黎这个“欧洲航空大本营”，人们对航空的热情强烈地感染着他。1910年，加罗斯进布莱里奥航校学习飞行。此后的几年里，加罗斯不断参加各种飞行竞赛，创造出骄人的成绩。1913年9月23日，他驾驶莫拉纳·索尔尼埃型飞机从法国圣·拉法埃尔起飞，长途飞行7小时53分，到达北非突尼斯，全程730千米，完成了人类首次跨地中海飞行。

第一个登上“王牌”宝座的加罗斯

1914年8月一战爆发，加罗斯随即参加了法国航空队。在作战中，他也碰到了当时正困扰着所有战斗机飞行员的大难题：飞机每次射击必须先侧过机身，而无法用机枪向前方进行有效射击。于是他找到他的朋友、飞机制造专家雷蒙·索尔尼埃，请他帮忙在飞机上安装偏导板系统，使机枪子弹不致打坏螺旋桨。

1915年4月1日，加罗斯驾驶着装有偏导板系统的飞机起飞了，他的任务是侦察德军阵地，但真正的目的是试验他的新式武器。当他在空中四下观察时，发现前面出现了一架德国飞机，600米、500米……两架飞机越来越接近了。德国飞行员根据以往惯例，认为只要对方不把机身侧过来开火，自己就不会有危险。正当这位飞行员思考他的战术动作时，加罗斯的飞机竟然奇怪地从机头冒出了火光。一串子弹正好击中他的眼部。德国飞行员还来不及想明白怎么一回事就一命呜呼了，他驾驶的“信天翁”飞机也像脱缰的野马翻滚着朝地面坠去。没几天，加罗斯的战果就达到5架，其中3架被击落，另外有2架是被他迫降到地面的。

法国报纸铺天盖地地对加罗斯大加宣传。一天，一家报纸抛出一个新词“Ace”，送给加罗斯。“Ace”原是法国人用来赞誉体育巨星的，如今安到加罗斯头上，顿时令其他所有赞美之词黯然失色，从此“Ace”便成了对空战英雄的荣誉称谓。这个词在中文里就叫“王牌飞行员”。后来各国大都以击落5架敌机作为获得“王牌”称号的最低标准。

让加罗斯没有想到的是，他的革命性武器日后竟引发了一场令他的同胞们抱头鼠窜的巨大灾难。1915年4月18日，加罗斯在德军阵地上空飞行时中弹停车，飞机迫降在德军防线一侧，加罗斯被俘。没有来得及毁坏的偏导板系统被德国人送到在德国工作的荷兰飞机设计师福克那里。福克两天内就为德国搞出机枪断续射击器，装在福克EⅠ单翼机上，使德国在空战中立即占据了明显的优势。从1915年下半年开始，足足好几个月时间，英法空军被打得狼狈不堪，史书上把这段往事称作“福克灾难”。

在德国战俘营度过的几年里，加罗斯一直被一种悔恨痛楚的悲哀所笼罩。战争结束前的几个月，他终于找机会逃出了集中营，辗转回到法国，立刻驾机重上蓝天，准备一洗自己蒙受的耻辱。但事与愿违，他却栽在一位不知名的德军飞行员手上。他毕竟远离空战太久了，飞机的性能和空战战术在这三年中有了突飞猛进的发展，已把他远远抛在后面。在最新式的战术面前，“老英雄”简直不堪一击。

——“红男爵”里希特霍芬：一战头号王牌

德国的里希特霍芬的最终战果被确认为80架，是一战交战双方飞行员中击落飞机最多的头号王牌飞行员，因其使用的飞机经常全身漆成红色而被人称为“红武士”“红男爵”。

1892年5月2日，里希特霍芬出生于东普鲁士一个贵族家庭，排行老大，从长辈那里继承了男爵爵位。他从小不爱读书，

喜欢格斗和打猎。1911 年参军，在一个骑兵部队服役。1913 年到航空队接受飞行训练，1915 年作为侦察机后座飞行员在东线参加一战。经一再请求，他终于成为战斗机驾驶员，调往战事正酣的西线。

里希特霍芬被选入王牌飞行员波尔克领导的第二驱逐机中队。1916 年 9 月 17 日，他与波尔克一起参加了空战。在空中格斗中，里希特霍芬驾驶一架阿尔巴特罗斯 D.II 飞机，击落了一架英国飞机 F.E2B，首开纪录。到 11 月，他共打下 10 架飞机，名声鹊起。

1917 年 1 月，里希特霍芬升任第 11 中队指挥官。4 月，阿拉斯战役爆发，里希特霍芬击落 21 架敌机。至此，他的战果达到 52 架，超过了他的前辈、被称为“空战之父”的奥·波尔克（共击落 40 架）。后来里希特霍芬改装了福克 Dr.I 新式飞机，在战斗中击落了更多的对手。

但是，王牌也有失手的时候。1918 年 4 月 21 日，在法国东北部上空的空战中，他终于栽了跟头。这天，他率领 10 架福克战斗机与英国 15 架战斗机遭遇，在互相追杀格斗中被击落。里希特霍芬死后，德国举国哀悼，认为是整个国家的损失。英国人倒是为这位德国王牌飞行员举行了一次相当隆重的葬礼。当时，西方人还很崇尚那些大智大勇、武艺高强、风度翩翩的中世纪骑士。一战虽然已经进入了全火器的大兵团作战时代，战争从地面打到了空中，骑士已没有了容身之地，但人们在潜意识里仍然怀念着他们。英国为其对手、德国王牌飞行员举行葬礼便是当时人们迷恋、呼唤、怀念骑士精神的最好写照。

2006 年柏林航展上展出的里希特霍芬坐骑福克 Dr.I 三翼机的复制品

2. 二战中飞机跃升为决定性力量

第二次世界大战(简称二战)是人类历史上规模空前的一场战争。在这场战争中,逐步成熟的空军得到了广泛使用。如果说空军在一战是初登历史舞台,那么,在二战中则是大显身手。从大战开始直到结束,空军一直充当着重要角色。空军在二战中参战数量之多,活动范围之广,战果之显著,所起作用之大,都超出战前人们的预想。在德国的"闪击战"、保卫英伦三岛的"不列颠之战"、苏联的伟大卫国战争、美英盟国空军对德日的战略轰炸作战,以及发生在太平洋、大西洋的各次大规模海空战役中,空中力量都起到了举足轻重的作用。可以说,在任何一场重要战役中,没有不是因为首先赢得空中优势而获胜的。无论在地面还是在海上,掌握制空权成为整个战役的重要组成部分。

战争大大加速了航空工业和科学技术的发展。一战结束时,战斗机达到的水平反映出交战双方在4年艰苦战斗中取得的经验教训,发动机的功率达到150~185马力,正常飞行速度超过160千米/时。从轰炸机看,经过4年战争,它已从仅装80马力发动机、很容易受伤的飞机,发展到翼展超过30米的大型飞机;早期是飞行员用手投掷手榴弹和9千克炸弹,而如今能载将近1800千克炸弹、攻击距离较远的目标,并有较高的轰炸精度。

在两次世界大战之间,航空技术在继续快速发展,又有很多突破性成就,包括全金属单翼结构布局、可收放起落架、封闭式座舱、变距螺旋桨、承力蒙皮结构技术、发动机涡轮增压技术、大功率发动机技术、航空无线电及仪表技术等,它们在飞机上的应用及不断完善,使飞机性能得到迅速提高,使1939年的飞机比1918年的飞机有了长足的进步。从飞行速度的增量来看,1915年至1933年期间,双翼战斗机速度的平均年增量约为10千米/时,轰炸机约为8千米/时。安装高空活塞式发动机的单翼战斗机的速度平均年增量从1933年至1946年期间为30千米/时,轰炸机20千米/时。所有这些都为二战期间空中力量的大规模使用奠定了基础。

(1)二战主要战场和重要战役

第二次世界大战的战火燃及欧洲、亚洲、非洲和大洋洲,主要战场有中国战场、欧洲西线战场、欧洲东线战场、太平洋战场和北非战场。

——德国闪电战

闪电战是二战期间德军经常使用的一种战术,是古德里安将军首先倡导的。它充分利用飞机、坦克的快捷优势,以突然袭击的方式制敌取胜。实施中,往往是先利用飞机猛烈轰炸敌方重要的战略设施和通信中心,

德国 Ju87 充当二战的“急先锋”

直接轰炸敌军来支援坦克和装甲部队的大举推进。

希特勒的下一个目标是丹麦和挪威，陆、海、空三军再次协同作战，大获全胜。1940 年 5 月 16 日，德国开始进攻荷兰、比利时等低地国家和法国。德国空军全力支援两个陆军机械化兵团横扫荷兰、比利时，然后绕过法国防御体系中最强的马奇诺防线进入法国。差不多一开始德国空军就赢得了战场上空的空中优势，使数量上处于劣势的德国陆军出人意料地取得胜利。

把敌人的飞机炸毁在机场，取得制空权，并使敌人的指挥系统瘫痪。

波兰是德国在欧洲发动闪电战的第一个牺牲品。1939 年 9 月 1 日凌晨，3 架 Ju87 B-1 起飞攻击维斯杜拉河上的迪尔绍大桥，8 分钟后，德国才正式对波兰宣战，宣告二战全面爆发。Ju87 是不折不扣打响二战的“急先锋”。在该战役中，德国空军投入 10 倍于波兰的兵力。在空中突击中，出动了 360 架最新的 Ju87 B，为快速推进的德国地面装甲部队和高度机动的步兵在大纵深范围开辟出通道，以极高的精度轰炸任何抵抗力量。在短短几天之内，击溃了大部分波兰的抵抗势力。波兰坚持到 9 月 27 日，结果是首都华沙遭到毁灭性的空袭。德国空军第一次显示了协同攻击作战的威力，即使用飞机以保护部队侧翼和在前进道路上

在对英法联军进行的现代装甲战中，德国坦克部队和空军的 Ju87 俯冲轰炸机紧密配合，而英法联军对德国地面部队推进如此迅速和在没有空中掩护的情况下作战的困难都没有准备。

二战初期，纳粹德国军事家打造的闪击战，攻势凌厉，似乎无往而不利，27 天内征服了波兰，1 天内征服丹麦，23 天内征服挪威，5 天内征服荷兰，18 天内征服比利时，39 天内征服号称“欧洲最强陆军”的法国，1940 年 6 月 20 日，法国政府宣布投降。就这样，德国闪电战以一种成功的全新的战术被铭刻在世界军事史上。

德国人在步步取胜中也有失策的地方，使近33万名盟军从欧洲大陆撤回英伦三岛，史称“敦刻尔克大撤退”。英国人利用希特

勒的错误，出动一直没有露面的“喷火”战斗机，加上天气的帮忙，集中了 1000 多条各种船只，在从英国本土基地起飞的战斗机的掩护下，从 5 月 26 日到 6 月 3 日把被围困的部队几乎全部撤回英国，保存了一支日后能重新投入战场的有生力量。敦刻尔克撤退是盟军在法国作战期间唯一一次掌握局部空中优势，使希特勒聚歼英法军队的美梦化为泡影。英国战斗机出动 2739 架次，为日后挫败德军的空中绞杀和封锁立下大功。

——不列颠之战

1940 年 7 月至 1941 年 5 月，英国为抗击德国空中进攻而进行的防空作战，史称“不列颠之战”。这是二战中第一次独立的空中战役。除了其他方面的原因之外，从空军装备上分析，由于德国空军主要是为近距支援陆军而设计的，没有实施战略轰炸所需的重型轰炸机和远程飞机而打输了这次战役。

德国对英作战的“海狮计划”要求首先摧毁英国空军，特别是战争初期散布在英国南部各机场的 700 多架战斗机。对伦敦的大规模轰炸于 9 月初开始，有些天多达上千架飞机接近伦敦上空，英国皇家空军的战斗机重创德国空军。德国空军损失的飞机在 9 月 15 日达到高峰，一天就被击落 56 架。到 10 月中旬，情况变得明朗，英国人取得“不列颠之战”的胜利，德国空军不可能给企图渡过海峡的地面部队提供空中掩护。

在 1940 年 7 月至 10 月“不列颠之战”的最关键阶段中，德军出动飞机共约 4.6

英国博物馆有关飞行的邮品，描述 1940 年 9 月 15 日，英国皇家空军的战斗机空中拦截入侵伦敦的德国 Do17 轰炸机群

“不列颠之战”的海报，上面有丘吉尔的名言：“在人类战争史上，从来也没有一次像这样，以如此少的兵力，取得如此大的成功，保护如此多的众生。”

万架次，投弹约6万吨，被击落各型飞机1733架，被击伤943架，损失空勤人员约6000人。英国空军损失飞机915架，损失飞行员414人，英德双方飞机损失比为0.527：1，飞行员损失比为0.069：1。至1941年5月，德军在对英国空袭作战中，损失的飞机更是超过2000架，英军损失飞机共995架。

在以保卫伦敦为中心的近50个昼夜的艰苦防空作战中，有一大批德军的He111和Ju87飞机被击落在防区之外，其中英国的“喷火”和“飓风”两种战斗机都发挥了重要作用。尤其是9月15日，当德国飞机再次越过海岸线时，遭到数百架“喷火”和“飓风”的阻击。经过一整天拼死较量，英军共击落德机185架，直接导致希特勒“海狮计划”的流产。它们也因此被誉为“英国的救星”。

德国原准备摧毁英国空军主力之后于9月21日从海上入侵，但由于连续一个多月的空中战役未能消灭英国空军，自己却损失很大，不能确保海峡上空的制空权，迫使希特勒把“海狮计划”推迟到1941年春。所谓推迟，是自欺欺人的说法，在德国处心积虑准备向东发动新的侵略战争的情况下，实际上是宣告入侵英国美梦的破灭。

“不列颠之战”是希特勒在二战中首次遭到失败的战役。英国坚持抗战，使德国被迫进行一场持久战，这是德国的经济难以承受的。由于“不列颠之战”的胜利，英国后来成为欧洲抵抗运动的领导中心，盟军战略反攻的基地。在发动对苏联的进攻之后，德国不得不东西两面作战，在战略上埋下了失败的种子。

——东线空战：苏联反法西斯战争的重要战场

1941年6月，法西斯德国发动进攻苏联的“巴巴罗萨战役”，头几个月里，苏联空军一败涂地，几乎被全歼，但是经过重新组织、装备和训练后，在斯大林的领导和全国人民的支持下，苏联空军终于挺过来了。

到战争末期，苏联空军成为一支重要的力量，为战胜法西斯德国发挥了重要的作用。

6月22日凌晨，希特勒的军队沿3200千米前线发起攻击，出动了大约2000架飞机，由于事先严格保密并制造种种假象，取得了突击取胜的战术效果。1941年6—11月，苏联飞机的损失，据他们自己公布的数字是6400架，德国人说是16000架。

苏联空军经历了1941年夏季失败之后，进行了大规模重新改组，主要空军部队（约占飞机总数的75%）直接归属苏联陆军，另外组建了第一支能独立作战的轰炸部队，称远程航空兵，允许它挑选最好的飞行人员，建立自己的训练学校和地面组织，和高炮防空部队、战斗机防空部队一起，划归莫斯科最高统帅部掌管。据西方估计，到二战结束时，远程航空兵装备了1500架远程飞机，在支持重大的地面进攻中发挥了重要作用。

德国“斯图卡”对地攻击机入侵斯大林格勒上空

1941—1942年冬天，苏联通过《租借法案》从美、英得到3000架飞机助力苏联空军的改组和重新装备。这批飞机加上苏联新生产的飞机和原来空军部队剩下的飞机，到1942年夏天，苏联的作战飞机数目达到12000架，与德国相比，取得了装备数量的优势。

斯大林格勒、库班和库尔斯克几次大的空中战役，彻底改变了苏德战争的态势。到1943年，德国人自己承认“无论用什么办法都无法改变苏联空军在战斗地域上空的制空权”。战争临结束时，苏联人在欧洲和亚洲的作战部队拥有大约50000架飞机，成为最终战胜德、日法西斯的一支中坚力量。

——对德战略轰炸

几乎从二战一开始，德国城市和工业区就成为与地面作战行动相独立的轰炸的目标。英国政府以牙还牙，把轰炸德国作为对德国轰炸英国的报复手段，英国空军积极贯彻政府的旨意，努力以轰炸来缩短战争的进程。

美国 B-17 在对德战略轰炸中

起初，英国空军轰炸司令部缺乏真正达到破坏效果所需的载荷能力和航程的轰炸机，致使德国仅次于希特勒的二号人物、空军司令戈林妄称："英国轰炸机永远也够不到柏林，甭想能给德国城市造成严重的破坏。"但是没过多久，英国肖特公司和汉德利·佩季公司就分别研制出斯特林和哈利法克斯轰炸机，这些四发轰炸机能携带比美国 B-17 和 B-24 还要多的炸弹，有效地实施独立作战任务。到 1942 年 5 月，英国已生产出足够数量的新轰炸机，多次组织对德国进行"千机轰炸"，第一次"千机轰炸"的目标是科隆。

英国人很快还为实施大规模轰炸作战制定出一套有助于减少飞机损失、获取最大杀伤力的战术理论。鉴于德国防御体系很强，英国人放弃了昼间轰炸，改为夜间实施大编队"面积轰炸"，确保击中目标。

美国对德国进行战略轰炸开始得很晚，但是一旦走上轨道，也取得和英国一样的效果。轰炸迟迟没有开始的主要原因是美国缺少部署在英国的重型轰炸机。最后到 1944 年年中，美国陆军驻英国第八航空队和驻意大利第十五航空队得到足够数量的飞机，在战争的最后一年，才经常出动上千架美国轰炸机去轰炸德国本土及其占领区，目标主要是重工业、飞机工厂、生产轴承等精密设备的工厂和炼油厂。轰炸地区从欧洲最南部的罗马尼亚普洛耶什蒂油田到北海沿岸的大城市，如汉堡。

在对德国实施战略轰炸的过程中，英、美两国在目标选择上经常有分歧意见。英国空军轰炸司令部司令哈里斯迷恋城市轰炸理论，形象地称为“炸士气”，但付出了很大代价。如 1943 年 11 月—1944 年 3 月的柏林战役，英军出动飞机 20224 架次，轰炸 16 次，投弹 25000 吨，使柏林城市建筑 2/3 被摧毁，但英军自己也被击落 1047 架飞机，伤 1682 架，战损率达 5.2%。美国则主张对工业区及交通运输系统进行精确轰炸。通过几年的实践证实，对德国来说，石油工业和交通运输是置德国于死地的关键目标系统。

整个二战中，美、英对德战略轰炸长达 5 年，是军事史上规模最大、时间最长的空中进攻。美、英联合进行 44.4 万次轰炸，出动轰炸机 144 万架次、战斗机 268 万架次，投弹 270 万吨，对德国造成严重的破坏。经过对重要战略目标的反复轰炸，德国的经济濒于崩溃，为盟军最后取得胜利奠定了基础。

——中国战场的空战

1931 年，日本入侵我国东北地区。1937 年 7 月 7 日，日本帝国主义又制造了“卢沟桥事变”，把局部侵华战争扩大为全面侵华战争，亿万中国军民奋起抵抗，全民族的抗日战争从此拉开帷幕。在长达 14 年的抗日战争中，中国、苏联和美国空军人员并肩作战，为赢得抗日战争的最后胜利发挥了积极的作用。

当时中国共产党领导的武装力量没有空军，空军完全掌握在国民党手里。国民党空军的广大爱国官兵在正面战场抗击日军作出巨大牺牲。抗战初期，中、日两国空军力量对比十分悬殊。中国空军仅有 300 架左右各型老旧飞机能用于作战，飞行人员约 620 余人，其中战斗机飞行员不足半数。日本空中力量是由陆军航空队和海军航空队组成。1937 年，日本陆、海军合计拥有飞机 2200 余架，直接用于侵华的空中兵力中，陆军有 29 个中队，约 300 架飞机；海军有 7 个航空队、3 艘航空母舰，飞机约 550 架。其飞机质量和性能都优于中国。而且日本工业基础坚实，能生产多种飞机和航空技术装备，在作战消耗之后能随时得到补充。

弱小的中国空军，面对占绝对优势的日本空中力量，毫不畏惧，毅然投入战斗，与强敌进行殊死搏斗。

1937 年 8 月 13 日，日军大举进攻上海，“淞沪抗战”爆发。8 月 14 日，中、日空军在杭州上空首次空战，高志航率领的空军第 4 大队击落日本海军鹿屋航空队飞机 3 架（也有记载称 6 架）。11 月 11 日，日军占领上海，淞沪战役结束。中国空军与日军作战 3 个多月，使日军损失飞机 200 多架，320 多名飞行人员毙命。中国空军亦遭受严重损失，作战飞机几乎消耗殆尽。而日本陆、海军航空队却不断得到补充，数量有增无减。此时，中国空军已经心有余而力不足，基本上丧失了作战能力。

当中国空军损失殆尽、陷于困境的时候，国民政府开始寻求外援。美、英此时无心介入，而苏联则因 1936 年的《日德防共协定》而对远东局势忧心忡忡，有意协助中国对抗日本，斯大林的这段话明确表达了苏联的想法：当前的首要任务“就是要紧紧束缚日本侵略者的手脚。只有当日本侵略者的手脚被捆住的时候，我们才能在德国侵略者一旦进攻我们的时候避免两线作战。”经磋商，中、苏双方于 1937 年 8 月 21 日签订条约，苏联为中国输送飞机，并派志愿航空队参加中国的对日作战。在中国抗日战争初期和中期，苏联以优惠军事贷款的形式共向中国提供飞机 1285 架，其中歼击机 777 架，轰炸机 408 架，教练机 100 架。援华歼击机的主要机种是伊 -15 和伊 -16。

1937 年 11 月，苏联空军志愿队援华，开始与中国空军共同抗击日军。中国空军在苏联空军志愿队配合下，英勇抗击，1938 年 2—5 月与日机多次空战，其中最具规模的是“2.18”“4.29”和“5.31”三次武汉空战。中国空军在保卫武汉的空战中，连战皆捷，打击了日军的嚣张气焰，鼓舞了全国军民的抗日斗志。

1938 年 2 月 20 日，中共机关报《新华日报》发表了题为“庆祝空军胜利”的短评，该短评指出：“前日敌机侵袭武汉，我国空军，奋勇迎战，把敌机打落 11 架，这不仅是武汉防空的一大胜利，同时也是中国整个军事上的一个伟大胜利。这个事实表明中国军民抗战到底的勇气和牺牲决心，也是以劣势的军事技术战胜敌人优势武力的信号。”在武汉各团体祝捷大会并公祭殉职的 5 位空战英雄时，第十八集团军代表周恩来等送挽联一幅，上面写道：“为五千年祖国英勇牺牲，功名不朽；有四百兆同胞艰辛奋斗，胜利可期。”

1940 年 6 月，德国进攻苏联。8 月，苏联空军志愿队全部撤回本国参加卫国战争。

面对日本空军的嚣张气焰，中国空军几乎无力抗击。为此，中国寻求新的国际援助。在中国抗战初期，美国对日本采取绥靖政策，名为中立，实际上向日本大量出售战争物资助长其侵略气焰。有资料称，1937 年下半年美国石油商向日本供应 3500 万桶石油、200 万吨废钢铁及大量机器设备；1938 年和 1939 年美国卖给日本的各种战略物资和设备比 1937 年又有大幅增加。直到 1941 年，随着日军侵华步步深入，美国在华利益受到严重损害，美日关系急剧恶化，为了自身利益，美国才开始支持中国抗战。根据《租借法案》，美国政府于1941年5月6日宣布中国为有资格获得“租借援助”的国家。这时，陈纳德时来运转。

陈纳德是美国一名退役军官，1937年只身一人来到中国，被蒋介石、宋美龄聘为空军顾问，先是组建航校、以美军标准训练中国空军。一度迫于日本外交压力，他的活动逐渐转为非公开活动。1941年，陈纳德受中国政府委托，前往美国招募飞行员。罗斯福政府当时已准备对轴心国开战，故给予暗中支持，允许美军飞行员和机械师，以平民身份参战。陈纳德募集到250多名空地勤人员，随后他用自己在美国未能实践的理论和战术原则对他们加以训练。

1941年8月1日，蒋介石签署第5987号令，宣布成立“中国空军美国志愿援华航空队”。因为他们的飞机机头上画有鲨鱼头涂饰，被中国百姓俗称为“飞虎队”。本质上，“飞虎队”纯粹是一支雇佣军：根据民国政府与美国飞行员签订的合同，飞行员月薪600美元、小队长650美元、中队长700美元。另外击落每架日机有500美元奖金。与之相比，一年后正规的美国陆军航空队飞行员月薪最多也只有347美元。

1941年12月中旬“飞虎队”首次击落日机，在以后半年多的时间里，有资料说确认摧毁日机286架，另有150架被列入可能摧毁的表册上，但是上述数字长期以来一直存在争议。尽管如此，“飞虎队”的战绩鼓舞了中、美两国人民，他们在中国人民最需要的时候为抗日战争做出了自己的贡献，证明日本并非不可战胜。

尽管“飞虎队”有战功，但它与美国正规军之间的矛盾越来越突出。美国作家杜安·舒尔特在一本专著中写道：“随着在中

陈纳德和他的“飞虎队”。陈纳德是蒋介石、宋美龄的座上宾（上），“飞虎队”队员准备出征（中），P-40战斗机（下）

国的美国正规军部队的增加，陈纳德那套离经叛道的战术思想能够存在的可能性将日渐消失。没有一个军队司令官会允许在自己的地盘里有一支平民雇佣军活动。”

“飞虎队”一成立，美国陆军航空队就试图接管它。1942年2月，美军在中印缅战区组建第10航空队，“飞虎队”被编为第23战斗机大队。到1942年7月4日，“飞虎队”正式撤销，改编为美国第10航空队中国战区空军特遣队，晋升为准将的陈纳德出任队长。

1943年1月的卡萨布兰卡会议上，罗斯福强调了扩大美驻华空军部队的政治利益，要求逐渐增加兵力，使之达到500架飞机；在设备许可的情况下中印空运数量每月应增至1万吨。

1943年3月10日，美国陆军部长史汀生宣布，驻华特遣队正式改编为第14航空队，陈纳德为第一任少将司令。该队在编制上从第10航空队独立出来。其主要任务是保卫自身在驼峰的运输线；搜集和破坏日军飞机与部队营地；轰炸日本在华军事设施；轰炸中国海岸与岛屿附近的日本船运；在印支、缅泰及台湾破坏敌军供应与军事设施；鼓励中国的抗日并以一切可能的方式支援地面部队。

从1941年至1945年9月，中国空军从美国共获得飞机1300余架。得到这批装备的中国空军，作战能力大大加强。1943年5月19日至6月初，中、日军队在湖北省西部地区进行鄂西会战，成为中、日空战史上的重要转折点，它标志着在美国支援下的中国空军开始由防御转入反攻。1943年10月，在中国桂林成立了中美空军混合团。该团与中国空军及美国陆军第14航空队协同对日作战，逐步夺回了抗日战场的制空权。到1944年，侵华日军总司令冈村宁次不得不承认“对敌机的猖狂活动几乎束手无策”。

1945年，日军航空兵在太平洋战场损失惨重，无法增加侵华兵力，侵华日军航空兵仅剩200余架飞机。而中国空军及在华美国航空兵有作战飞机近400架，已经掌握了中国战场的制空权，直至中国抗日战争的最后胜利。

中国空军在对日作战中，共击落日军飞机590多架，击伤110多架，在日本被称为“四大天王”的优秀飞行员也都命丧黄泉。中国空军还炸毁地面日机620多架，炸伤120多架，炸沉、炸伤日军舰船8000余艘，炸毁日军坦克和各种车辆8000余辆。中国空军自己在战争中有6000多人牺牲，损失飞机累计达2000余架。

中国人民的奋力抗战，使日军伤亡惨重，不得不转入战略相持阶段，彻底挫败了法西斯国家“速战速决”的战略，使日本法西斯

日本轰炸机在重庆上空

重庆大轰炸后的惨状

陷入了持久战的泥潭，彻底打破了德日法西斯的全球战略计划。

与世界反法西斯各主要对日参战国相比，中国抗日战争持续时间最长，抗击日军数量最大，歼灭日军人数最多，付出的代价最惨重。中国人民为赢得世界反法西斯战争的胜利付出了巨大民族牺牲，做出了不可磨灭的历史贡献。

对于中国抗日战争的巨大作用，美、英首脑都是心知肚明的。罗斯福曾对他的儿子伊里奥说："假如没有中国，假如中国被打垮了，你想一想有多少师团的日本兵可以因此调到其他地方作战？他们可以马上打下澳洲，打下印度，他们可以毫不费力地把这些地方打下来，并且可以一直冲向中东。""日本可以和德国配合起来，举行一次大规模的反攻，在近东会师，把苏联完全隔离起来，吞并埃及，切断通向地中海的一切交通线。"1942 年 4 月，丘吉尔也说："中国一崩溃，至少会使日军 15 个师团，也许有 20 个师团腾出手来。其后，大举进犯印度，就确实有可能了。"

——对日战略轰炸

从 1942 年 4 月杜立特率领 16 架 B-25 轰炸东京开始，到 1945 年 8 月 B-29 轰炸机在日本投下两颗原子弹，加速日本投降，战略轰炸在战胜日本法西斯的历程中发挥了重要的作用。

杜立特轰炸东京，属偷袭性质，虽振奋了美国军民的士气，但军事意义不大。美国真正的对日战略轰炸是 1944 年 6 月到 1945 年 8 月实施的。这时，美国已有了航程达 5000 千米的 B-29 重型轰炸机和航程达1280千米的P-38远程护航战斗机，还有设在印度、中国和太平洋上马里亚纳群岛的空军基地，从地理位置上越来越接近日本本土，为战略轰炸创造了装备和后勤支援条件。1943年底，美国成立第20航空队，专门担负对日轰炸任务，从组织上也做好了准备。整个对日战略轰炸分三个阶段进行。

第一阶段（1944.6—1944.11），从印度和中国的基地起飞，对日本工业城市进行战略轰炸，主要目标是日本的八幡、长崎、佐世保等地和中国东北的鞍山、沈阳和台湾冈山。第一阶段规模不大，最多时出动100架轰炸机，5个月总共投弹1万吨，收效甚微。

第二阶段（1944.11—1945.3），仍采取昼间精确轰炸方式，目标是日本的航空、油料、兵器等工业基地。11月24日，111架B-29对东京集中轰炸，这是1942年杜立特偷袭东京之后第一次轰炸东京。美国轰炸机共投弹4.7万吨，由于遭到日本飞机的抵抗，总的来说轰炸效果不佳。

第三阶段（1945.3—1945.8），特点是使用燃烧弹为主，以摧毁城市为主要目的。在这个阶段，具体做法与以前大不相同：①轰炸的规模大，如第20航空队的B-29轰炸机由1944年11月的119架增加到1945年8月的986架；②轰炸方法改为夜间低空面积轰炸，既可避开日本战斗机的抗击，又可增加载弹量；③使用的炸弹也由爆破弹改为燃烧弹；④轰炸的目标由军事工业基地改为居民稠密的城市。从1945年3月9日到6月15日，美国轰炸机对东京、川崎、名古屋、大阪、横滨和神户6大城市进行了17次大规模轰炸，

B-29 轰炸日本

出动B-29轰炸机6960架次，投燃烧弹4.16万吨，日本66座城市被轰炸，平均被毁面积达50%，加上海上封锁，使日本的工业潜力基本上被摧毁，无力再继续进行战争。

1945年7月16日，第一颗原子弹在美国试爆成功。美军原准备1945年11月初登陆日本，最后结束战争。在胜利在望的时候，美国不希望苏联介入太平洋战场，于是决定用投掷原子弹来加快结束战争。美国总统杜鲁门和英国首相丘吉尔协商后，确定8月初对日本投放原子弹。

两颗原子弹，一颗叫“小男孩”，是一颗铀弹，弹长3.05米，直径71厘米，弹重4082千克，当量为2万吨级，实际爆炸威力当量1.3万吨；第二颗原子弹取名“胖汉”，是钚弹。它们在8月6日和9日分别投在广岛和长崎。为执行投放任务，第一次出动了6架B-29，其中三架为气象观察机，一架为原子弹载机（以机长保罗·蒂贝茨上校母亲的名字命名为“埃诺拉·盖伊”），另两架分别是装有科学仪器的空中实验室和照相侦察机。

两颗原子弹对广岛和长崎造成了巨大的破坏，10多万人丧生，大面积房屋被夷为平地。第一颗原子弹爆炸后，日本陆军领导人拒绝东乡外相无条件投降的建议。直到长崎被炸的第二天，裕仁天皇才命令铃木首相接受盟军的最后通牒，8月14日，日本政府将投降决定正式通知华盛顿。

盟军长时间的战略轰炸，加上海上封锁，已使日本脆弱的经济接近彻底崩溃，造成日本必败的局面，投掷原子弹只是最后加速了日本帝国的覆灭。

1945年8月9日第二颗原子弹在长崎投下后升起的蘑菇云

美国在日本使用原子弹。一来阻止了苏联参与占领日本，二来为美国试验新式武器提供了机会。以原子弹为代表的核武器的出现，在战后导致各国军事战略和作战方法的变革，形成几十年两大阵营对峙的冷战局面。

——浴血太平洋

太平洋战争是指二战中以日本为首的轴心国和以英美为首的同盟国于1941年12月7日至1945年9月2日期间进行的战争，

P-38“闪电”在太平洋战场

范围遍及太平洋、印度洋和东亚地区。太平洋战争以日本偷袭珍珠港为先导，到日本投降结束，参战国家多达37个，涉及人口超过15亿，交战双方动员兵力在6000万以上，历时3年8个月。

1941年底，日本决心趁德国在欧洲战场得手之际，扩大战火，占领东南亚，夺取战略资源。为了先发制人，日本海军联合舰队司令山本五十六于1941年9月就制定了“Z”作战计划。该计划要求使用海军舰载飞机，远程偷袭美国夏威夷珍珠港海军基地，先给美国太平洋舰队以致命打击，摧毁其航空母舰，消除对日本的威胁，随后攻占菲律宾、马来亚、新加坡、荷属东印度等。

1941年12月7日8时许，正是星期日的早晨。在夏威夷群岛珍珠港——这里是美国太平洋舰队的海军基地，军乐队正在照例

1941年12月7日，日本偷袭珍珠港

奏着国歌、升着国旗，士兵们也许还在回味着周末所度过的欢乐时光……突然，祸从天降。日本数百架飞机对港湾进行了轮番轰炸。美军主力战舰8艘被击沉或失去战斗力，多艘战舰重伤，近300架飞机被毁，2400名官兵被炸死，1100余名受伤，太平洋舰队元气大伤。美军反击力量仓促地投入战斗，只击落日机29架，击毙日军64人，日军以轻微损失一举控制了太平洋地区的制海权和制空权。

在偷袭珍珠港的同时，日本陆、海军还联合作战，向在马来亚和香港的英军，以及在菲律宾群岛、关岛、中途岛和威克岛的美军基地发起攻击。太平洋战争全面爆发。

1941年12月8日，美国总统罗斯福在请求国会对日宣战时说："这将永远是一个耻辱的日子——美利坚合众国遭到日本帝国海、空军突然且蓄意的袭击……不管战胜这场蓄谋已久的入侵要花费我们多长时间，美国人民都将以其正义的力量战斗下去，直至取得绝对的胜利。"随后，美国国会宣布对日宣战，正式参加二战。

在英、美对日宣战之后，与日本交战数年之久的中国国民党政府，也正式对日宣战。而后，法国、澳大利亚、加拿大等国也对日宣战。世界反法西斯阵营在不断扩大，国际反法西斯统一战线正式结成。

日本偷袭珍珠港后，一度气焰嚣张。为了鼓舞士气，经罗斯福总统批准，由美国陆军航空兵司令阿诺德挑选了传奇人物——曾在20世纪二三十年代创造多次飞机竞速比赛纪录和历史上第一次进行仪表飞行（盲目飞行）的优秀飞行员杜立特中校，组织16个B-25轰炸机机组，经短期强化训练后，于1942年4月18日从海军的航空母舰上起飞，成功轰炸了东京。这次空袭给日本造成的物质损失微不足道，但在心理上极大震撼了日本朝野。

在随后的日子里，太平洋洋面爆发过一

B-25轰炸机在航空母舰上等待起飞

"东京轰炸"的1号机组，左二为杜立特

发生在 1944 年 6 月 6 日的诺曼底登陆作战，代号“霸王行动”，是二战中盟军在欧洲西线战场发起的一场大规模攻势。接近 300 万士兵渡过英吉利海峡前往法国诺曼底。诺曼底战役是世界上规模最大的一次海上登陆作战，使二战的战略态势发生了根本性的变化。

连串重大战役，包括珊瑚海大战、中途岛海空战、所罗门群岛海战、争夺瓜达尔卡纳尔群岛、布干维尔岛伏击山本五十六、马里亚纳海空大战和莱特湾海空战等多次重大战役，盟军终于奠定了胜局。

在诸多战役中，1942 年 6 月 4—6 日的中途岛海空战中，从美国“企业”号航母上起飞的 37 架 SBD“无畏”和从“约克城”航母上起飞的 17 架同型飞机，击沉了日本“赤城”“加贺”“苍龙”和“飞龙”4 艘航母。日本一下子损失 4 艘航母，加上损失大批经过严格训练的飞行员，使日本在二战后期的作战能力遭受沉重的打击。中途岛海战是美国海军以少胜多的著名战役，它是完全由舰载飞机进行的战争，而母舰上的人员根本没有看见对方舰上的人。至此，美国海军成功击退了日本海军对中途岛环礁的攻击，使美军夺取了太平洋战区的主动权，因此该战役成为二战中的太平洋战争的转折点。

——诺曼底登陆

发生在 1944 年 6 月 6 日的诺曼底登陆作战，代号“霸王行动”，是二战中盟军在欧洲西线战场发起的一场大规模攻势。接近 300 万士兵渡过英吉利海峡前往法国诺曼底。诺曼底战役是世界上规模最大的一次海上登陆作战，使二战的战略态势发生了根本性的变化。

在诺曼底登陆战役中，美军第 82、第 101 空降师和英军第 6 空降师参与了作战。此次空降作战，共使用运输机 2400 余架、滑翔机约 1130 架，空降约 3.5 万余人（其中伞降 1.76 万余人）。此外，还运送了 504 门火炮，110 余辆轻型坦克及 1000 吨物资。战斗中人员伤亡较多，运输机被击落 42 架，击伤 510 架。但是空降作战破坏了德军防御的稳定性，牵制了德军预备队的机动，为盟军登陆部队上陆创造了条件。

盟军登陆成功的主要原因有以下几点：

P-47 参加了诺曼底登陆作战

① 成功组织了战略欺骗，使得德军统帅部判断错误，不仅保障了登陆作战的突然性，还保证了战役顺利进行，对整个战役具有重大影响；② 掌握绝对制空、制海权。盟军投入作战的飞机达 13700 架（其中轰炸机 5800 架、战斗机 4900 架、运输机和滑翔机 3000 架、军舰 9000 艘，是德国飞机、军舰的数十倍；③ 充足的物资准备和周密的侦察保障；④ 逼真的战前训练；⑤ 恶劣天气的影响，尽管增加了作战的困难，但也使德军丧失了必要的警惕，增加了登陆的突然性。

（2）二战期间使用的一些典型机种

一个国家在战时要掌握制空权，离不开发达的航空工业的支撑。二战主要交战国(中国无疑是主要交战国之一，但遗憾的是自己没有像样的航空工业）在 1939—1945 年期间生产了 80 多万架飞机，其中产量最大的美国一家的产量就超过 30 万架，相当于主要轴心国总产量的 140%。

二战期间，双方使用的作战飞机不下数百种，这里列出战斗机、攻击机和轰炸机使用数量最多的前 8 种。

战斗机：第 1 名是德国 Bf 109，约 35000 架；第 2 名是英国“喷火”，22907 架；第 3 名是德国 Fw 190，20001 架；第 4 名是苏联雅克 -9，16769 架；第 5 名是美国 P-47，15683 架；第 6 名是美国 P-51“野马”，15560 架；第 7 名是英国“飓风”，14533 架；

二战主要交战国军用飞机生产（1939—1945 年）

国　别	1939	1940	1941	1942	1943	1944	1945	合计
美　国	2141	6086	19433	47836	85898	96318	46001	303713
苏　联	10382	10565	15735	25436	34900	40300	20900	158218
英　国	7940	15049	20094	23672	26263	26461	12070	131549
加拿大								16431
同盟国小计								609911
德　国	8295	10826	12401	15409	24807	40593	7540	119871
日　本	4467	4768	5088	8861	16693	28180	8263	76320
意大利								18000
轴心国小计								214191
总　计								824102

第 8 名是美国 P-40，13738 架。

攻击机：第 1 名是苏联伊尔 -2，36163 架；第 2 名是美国 TBF/TBM“复仇者”，9836 架；第 3 名是英国“蚊”，7781 架；第 4 名是美国 A-20，7478 架；第 5 名是苏联伊尔 -10，6966 架；第 6 名是美国 SB2C“地狱俯冲者”，6640 架；第 7 名是德国 Ju87，5709 架；第 8 名是美国 SBD“无畏”，5321 架。

轰炸机：第 1 名是美国 B-24，19203 架；第 2 名是德国 Ju88，14980 架；第 3 名是美国 B-17，12731 架；第 4 名是英国“惠灵顿”，11461 架；第 5 名是苏联佩 -2，11427 架；第 6 名是美国 B-25，9817 架；第 7 名是英国“兰卡斯特”，7366 架；第 8 名是德国 He111，约 7300 架。

B-24“解放者”是二战期间生产数量最多的轰炸机

限于篇幅，本书只能简单介绍其中的几种。

——“喷火”：二战的“英国救星”

1930 年，英国军方要求休浦马林公司设计一种单翼战斗机，以逐步替换旧的双翼战斗机。该公司总设计师米切尔设计的 S.5、S.6 和 S.6B 分别在最后三届“施奈德”水上飞机竞速大赛上获得冠军，为研制高速飞机积累了丰富的经验。米切尔以 S.6B 的气动外形为基础，设计出代号为 224 的新战斗机，于 1934 年 2 月试飞。这架战斗机外形简洁流畅，采用罗罗公司“灰背隼”C 型 990 马力发动机。机翼内装有 8 挺 7.7 毫米机枪，采用可收放式起落架，飞机编号是 K5054。

1936 年 3 月 5 日，该机试飞速度达到 547.2 千米 / 时，爬升率为 762 米 / 分钟，成为当时世界上速度最快的战斗机之一，这就是最早的“喷火”I 型。

1939 年 9 月二战爆发，“喷火”投入战斗。10 月 16 日，“喷火”首开纪录，击落两架入侵的德国 He111 轰炸机。1940 年 5 月，德国出动 3500 架飞机对 300 千米纵深内的法国各机场实施了首次突击，使法国和英国的航空兵遭到重大损失，英、法陆军大批部队被围困在敦刻尔克附近。为营救部队保存实力，英国政府组织“敦刻尔克大撤退”。在整个战役期间，从英国本土起飞的“喷火”和“飓风”战斗机 200 架，竭力保卫滩头阵地、登船点，以及停泊的船只，给德军沉重打击。德军哀叹这天为“灾难日”。

1940 年 7—10 月，“不列颠之战”打响。在这场盟军与法西斯德国争夺制空权的殊死搏斗中，“喷火”和另一种战斗机“飓风”

一马当先。8 月 15 日，英军出动 974 架战斗机与 2000 架敌机交战，结果以少胜多，使德机损失率高达 20%。从 8 月 24 日起，德军连续发起长达 12 天的“千机大轰炸”，又被击落 380 余架。进入 9 月后，英军重点转入首都伦敦的防空作战。在近 50 个昼夜的艰苦战斗中，有一大批德军的 He111 和 Ju87 飞机被击落在防区之外，其中“喷火”式飞机发挥了重要作用。尤其是 9 月 15 日，当德国飞机再次越过海岸线时，遭到数百架“喷火”和“飓风”的阻击。经过一整天拼死较量，英军共击落德机 185 架，直接导致希特勒“海狮计划”的破灭。“喷火”也因此被誉为“英国的救星”。

“喷火”连续生产了 12 年，其间根据作战需要多次改进，性能逐步提高。“喷火”Mk9 最大时速 656 千米；发展到“喷火”Mk12 型，换上了更大功率的“秃鹰”发动机，极限时速突破了 700 千米大关，各项战术、技术指标达到了活塞式战斗机的高峰。“喷火”共有 33 种改型，是二战期间战斗机改型最多的飞机，整个二战期间共生产 22000 多架，是英国产量最大的机种，也位居世界前列。

“喷火”战斗机是米切尔飞机设计生涯中最后也是最出色的飞机，其流线美观的外形，堪称当代活塞式战斗机的一颗明星。战后，英国把 9 月 15 日定为“不列颠之战节”。每年的这一天，伦敦上空都会举行飞行表演，“喷火”会向人们重现当年的风采。

英国皇家空军的“喷火”战斗机群

——横行欧洲战场的 B-17 “飞行堡垒”

波音公司研制的 B-17 “飞行堡垒” 是二战中美、英联合对德国本土及其占领区实施战略轰炸的主力机种之一。该机 1942 年 8 月 17 日首次在欧洲战场投入使用，能把 2.4 吨炸弹投送到距基地 1800 千米之外，它和远程的 B-24 一起对赢得欧洲战场的胜利发挥了关键作用。

1933 年，美国陆军航空兵团要求搞一种多发动机的反舰轰炸机，波音公司参加投标，在 247 型和 XB-15 的基础上提出公司代号为 299 型的 4 发重型轰炸机方案，后来成为 B-17。原型机于 1935 年 7 月 28 日首次试飞，生产型飞机 1936 年 6 月开始交付，1945 年 4 月交付完毕，总共生产 12731 架。波音公司通过改进生产组织、提高生产效率，1942 年 B-17 的月交付量从 60 架增加到 150 架，1943 年又提高到 250 架，1944 年 3 月达到月交付 362 架的最高水平。在西雅图工厂，曾创造过一天生产 16 架 B-17 的纪录。

B-17 装 4 台普惠公司 R-1820 发动机，每台功率 1200 马力，采用涡轮增压器，使飞机能飞到 9120 米高度。在飞机的增压座舱中配备 8 ~ 10 名空勤人员，机头有向前下方观察用的玻璃瞄准风挡，全机上下左右及前后设有 4 ~ 6 个炮塔，共配备十几挺 12.7 毫米机枪，形成一个球形自卫火力网，使它成为一个名副其实的“飞行堡垒”。B-17 的特点是结构十分坚固，在战时多处受伤的情况下仍能返回基地。

B-17 “空中堡垒” 的卡通画

飞行中的 B-17E

B-17 是美国近代战略轰炸机的第一个成功型号，也是第一种能在高空进行雷达瞄准精密投弹的大型飞机。B-17 从设计上首次打破了双发动机布局的老框框，使飞机载弹量、航程和自卫力量产生了飞跃的进步。B-17 的问世和使用，开拓并发展了战略轰炸机的成功经验，也在一定程度上加速了二战的全面胜利。

——B-29：日本的“厄运之神”

1945 年 8 月，美军的 B-29 轰炸机在日本投下了两颗原子弹。在日本经过几年战争消耗已经基本丧失继续作战能力的时候，原子弹加速了日本帝国的覆灭，也加快了二战结束的进程。

为使用原子弹，美国事先做了大量的准备工作，包括研制原子弹本身和投原子弹用的载机。空投原子弹，对载机在载弹量、速度、航程等方面都提出很多新的要求，是原有的 B-17 等轰炸机无法满足的。波音公司从 1938 年 3 月启动研制工作，第一架 XB-29 于 1942 年 9 月 21 日首次试飞。由于 B-29 发动机功率、最大重量、机翼载荷、增压舱、军械、机载设备，甚至基本结构等方面有全新的标准，技术工作量据称是过去研制轰炸机的五六倍。

B-29 装 4 台 2200 马力的莱特公司“旋风”发动机，正常情况下机组人员 10 名，有 4 个远距操纵的炮塔，每个炮塔有一对 0.5 英寸口径的机枪，还有一个有人值守的尾部炮塔，配备两挺 0.5 英寸 (1 英寸 = 2.54 厘米) 口径机枪和一门 20 毫米航炮或 3 挺 0.5 英寸口径机枪。乘员舱是增压的。B-29 带 4540 千克载荷时航程达 4800 千米，带 9080 千克载荷则航程短些。

1944 年中， B-29 开始从印度和中国基地出发攻击日本目标，但因后勤供应困难而很不顺利。直到美国海军牢固地占领南太平洋上距离日本 1920 千米的马里亚纳群岛之后，B-29 才从那里出发对日本实施大规模轰炸，给日本本土造成重大破坏。1945 年初，出任 B-29 部队司令官的李梅将军做出一个大胆的决定：拆去 B-29 的航炮炮塔，增大武器载荷，包括相当数量的燃烧弹，对日本实施夜间低空轰炸。

1945 年 3 月 9 日，279 架 B-29 轰炸东京，平均高度只有 2140 米，而不是以前的

B-29 轰炸机

7300米，日本的防空部队被这一新战法搞得晕头转向，全市心脏地带约41.5平方千米化为一片废墟。B-29的“火攻”摧毁了东京39.9%的地方，在日本全国66个城市扔下10万吨炸弹。最后，B-29在1945年8月6日和9日分别在广岛和长崎投下两颗原子弹，给日本以致命的一击。5天后，日本宣布投降。

1945年2月，第1000架B-29在波音公司威奇塔工厂走下生产线

在对日作战中，B-29总共投下14.7万吨炸弹，是美国其他空、海军飞机的10倍。B-29在对日本进行海上封锁方面也发挥了重要作用，在各岛屿水面撒布了12000个水雷。B-29在空战中也表现不俗，炮手击落714架日本战斗机（外加无法证实的456架），击伤770架。

B-29共生产了3970架，其中波音公司自己生产了2766架，另外组织贝尔和马丁公司生产了1204架。对日作战胜利后，已经订货的另外5000架被取消了。

今天，1945年8月6日在广岛投下第一颗原子弹的“伊诺拉·盖伊号”陈列在美国华盛顿国家航空航天博物馆设在机场的一个展览中心，供游客观看。

——德国王牌飞行员的摇篮Me109

德国梅塞施米特公司研制的Me109（因1938年7月以前公司称巴伐利亚飞机工厂，故飞机亦称Bf109）是二战中德国空军装备的主力战斗机。从二战前的西班牙内战到二战结束，从西线欧洲战场到东线德苏战场，每次重大战役都少不了它的身影，甚至还援助日本人在太平洋战场一显身手。

1933年，希特勒上台后立即大力扩军备战，组织研制新型作战飞机。位于奥格斯堡的巴伐利亚飞机工厂也参与其中。1934年，根据当局要求研制一种接替He51双翼战斗机的指示，该厂主任设计师威利·梅塞施米特设计出Me109，在竞争中击败对手，于1935年5月28日首次试飞。

Me109采用全金属结构，下单翼，单座，装一台戴姆勒·奔驰公司DB601活塞发动机，功率820千瓦，驱动一副三叶螺旋桨。后三点起落架，主起落架可收到机翼里。Me109机体纤秀轻巧，长8.8米，翼展9.8米，高3.6米，起飞重量2605千克。飞机的装甲厚、火力强、速度快、加速俯冲性好，与以往德国战斗机相比，它采用了两项全新设计：一是无支撑下单翼，二是可收放起落架。

Me109 第一次公开表演是 1936 年在柏林的奥林匹克运动会上，但第一次在航空界产生轰动效应是在 1937 年夏天举行的苏黎世国际飞行竞技大会上，5 架 Me109 参加竞技大会，除了速度性能令人吃惊外，还表演了出色的爬升、俯冲和机动特性。1937 年 10 月 1 日创造了时速 610.95 千米的世界纪录。

生产型 Me109 B 于 1937 年首次交付德国空军最精锐的部队——以一战德国空军头号王牌飞行员名字命名的 JG132 “里希特霍芬”战斗机联队，并且随德国“兀鹰兵团”投入西班牙内战战场。

1939 年 9 月 1 日凌晨，法西斯德国闪击波兰，Me109 是德国空军的主力。1940 年 9 月，800 架 Me109 参加了对荷兰、比利时和法国的“黄色作战”行动，为德国空军在欧洲绝大部分赢得空中优势。1941 年 6 月，在德军进攻苏联的第一天，有 440 架 Me109 参战，空战中，仅第 1 联队就击落了苏联空军 114 架飞机，使该联队的总战绩达到了 1000 架，成为德国空军史上，也是世界空战史上第一个击落敌机上千架的联队。

Me109 从 20 世纪 30 年代中在德国投产，生产延续到 1945 年德国战败，战后还在捷克、西班牙等国仿制，总产量达到 35000 架，是世界航空史上仅次于苏联生产了 42330 架的伊尔 -2/-10 系列等少数几种飞机“高产大户”之一。

更值得一提的是，二战中德国名列前茅的王牌飞行员中大多是用 Me109 赢得举世

德国梅塞施米特公司研制的 Me109

震惊的战绩的，他们是：埃里希·哈特曼（击落352架）、格哈德·巴克霍恩（击落301架）、亨特·勒尔（击落275架）、瓦尔特·诺沃提尼（击落258架）、威廉·巴茨（击落237架）……据统计，在整个二战中，德国空军总战果中有一半以上是Me109取得的，难怪有人称这种飞机是“德国王牌飞行员的摇篮”。

P-51 生产线

——驰骋蓝天的 P-51“野马”

P-51 是二战期间盟军顶尖的战斗机，在速度、升限、作战半径和机动性各方面都雄居榜首，它的问世，使盟军有了可以与德国 Me109、Fw190 一决高下的飞机，因而它被誉为“活塞战斗机的顶峰杰作”“空中凯迪拉克”。

说来也怪，这么好的飞机竟然是美国人用 100 多天时间首先为英国人研制的，后来才装备美国自己的部队。1940 年 4 月，英国军备使团赴美追补订购 P-40 D 战斗机，美国北美飞机厂主动提议用同样的发动机，保证在 4 个月内提供一种性能更好的新飞

P-51 战斗机

机。德裔设计师埃德加·舒默德博采众长，兼收欧美最新航空技术，在每天工作16小时的情况下，奇迹般地提前3天实现了自己的诺言，造出了P-51的原型机NA-73X，装上迟到的发动机后于10月26日首次试飞。

外形漂亮的全金属结构、单发、单座P-51飞机，在机头装一台水冷活塞发动机和卵锥形桨毂罩，在一对梯形带上反角的下单翼的下部，安装着可调节空气流量的腹式水散热器，构成符合空气动力学原理的外观特征。P-51在世界上最早采用层流翼型，具有极好的升阻比特性，11.5% ~ 15.1%的机翼相对厚度不仅减轻了结构重量，也为在翼内安排油箱及射击火器提供了较充裕的空间。一系列功力独到的设计使全机阻力大大降低，后期改型采用了水泡形座舱盖。

“野马”的第一个买主英国空军总共获得1943架，分别部署在45个中队，一直用到1947年。1943年4月9日，美国陆军航空队第一次将“野马”投入北非战场，后来又投入意大利作战。

但P-51的主要战场在北欧，在那里它体现出用作护航战斗机的真正价值，它的远程巡航能力使它能够加入从英国基地起飞的轰炸机编队。B-17和B-24轰炸机的飞行员们把“野马”视作对付巡弋在自己编队周围的德军战斗机的不可或缺的“小朋友”。1943年12月13日，美国“野马”第一次突入德国空域。1944年3月，P-51第一次在攻击柏林时为轰炸机护航。美国在欧洲的60个中队都装备“野马”。在战后，甚至短时间内又增加了13个装备“野马”的中队，创下了美国飞机驻欧洲数量的最高纪录。美军的“野马”总共飞行213873架次，累计112万飞行小时，消灭了4950架敌机，击落230枚德国的V-1飞弹。

各型“野马”总共生产了15000多架。在中国，P-51也留下了它的足迹。抗战末期，美国根据《租借法案》，曾向国民党空军提供C、D和K等型P-51飞机150架以上。

罗斯福签署《租借法案》

解放战争期间，有一批P-51飞机被我军缴获或由起义人员飞归我军。1949年8月15日，以这些飞机为主，组成了我军的第一个飞行中队。1949年10月1日，新中国开国大典上，9架P-51参加了空中阅兵。

——“黑色死神”伊尔 -2/-10

苏联是世界上最早研制强击机（西方称攻击机）的国家，伊留申设计局的伊尔 -2 和其改进型伊尔 -10 是其杰出代表。

伊尔 -2 的雏形——原型机 TsKB 55 于 1938 年首次试飞，通过了国家鉴定，但空军不欢迎，后经改进的 TsKB 57 于 1940 年 10 月 12 日试飞，1941 年德军入侵苏联前开始批量生产。

1941 年 3 月，伊尔 -2 飞机获得斯大林奖金二等奖，同年 8 月 19 日，斯大林召见伊留申等航空工业负责人时还说：“军方特别夸奖伊尔 -2 强击机。”“这种飞机应当获一等奖。”

最初的伊尔 -2 设计是双座，后根据军方某些人的意见改为单座机，经实战考验，再改为双座机伊尔 -2m3，成为欧洲大陆除 Ju87 外唯一的攻击机。在单座改双座的过程中，还有一个动人的小插曲：1942 年初，斯大林召见伊留申和航空工业人民委员。他们刚一走进办公室，斯大林就从座位上站立起来对伊留申说：“啊，原来您是对的！”伊留申疑惑不解地问道：“我对在哪里呀，斯大林同志？”斯大林说，“哎，可不是吗，我们把您都搞糊涂了。您原来设计的伊尔 -2 强击机是双座型，而我们没有认真考虑，只是按照某些轻率的参谋人员的意见，坚持把它改为单座型。我们的歼击机不多，而单座强击机又要求护航，因而损失很大。可是，有几架双座飞机倒不错，它们能够进行自卫。

伊尔 -2 强击机

所以，需要立即恢复双座型，条件只有一个，产量不能减少。”

伊尔-2m3攻击机采用常规布局，尖尖的机头是三叶螺旋桨的桨毂罩，紧接着是一台水冷式活塞发动机。串列双座座舱后部是一挺12.7毫米活动机枪，用于自卫。梯形下单翼可将主起落架收入。机翼下可挂各种炸弹400～600千克，或挂82毫米PC-82火箭弹8枚，或挂PC-132火箭弹4枚。机翼内2门20或23毫米机炮用于对地扫射。

随着德军虎式和豹式坦克不断改良，伊尔-2也面临新的挑战。伊留申设计局就对伊尔-2进行了重大改进，1943年研制成功伊尔-10，采用全金属结构，机身延长，改善了纵向稳定性。各部位修形减阻，换装2000马力的AM42水冷发动机，重新调整了装甲系统，装甲重量从700千克增加到950千克，对坚硬的点状目标的击毁率有所提高。1944年秋伊尔-10服役，但到1945年2月才真正参战，加速了德、日法西斯的灭亡。

伊尔-2参加了德苏战争的全过程并参与消灭我国东北地区日本关东军的战斗。1943年7月，二战历史上规模最大的坦克对坦克战役——库尔斯克大会战中，伊尔-2首次使用了聚能破甲反坦克炸弹。飞行员威特鲁克率领6架伊尔-2只一个起落就击毁15辆敌军坦克。另一支伊尔-2部队在2个小时内，使270辆德军坦克变为废铁。

在攻克柏林的日子里，伊尔-10开始崭露头角，很快也成为空中明星，部队中涌现不少战斗英雄，如飞行员布柳哈诺夫在牺牲前一人就击毁坦克40辆、火炮3门、火车1列和卡车152辆。鉴于伊尔-2/-10的作战表现，双方对它的评价截然不同：苏军战士称它是什么活儿都能干的“了不起的勤快人”，而德国人十分痛恨地把它叫做“黑色死神”。苏联《真理报》曾评价：“伊留申的飞机不仅是航空科学的成就，而且还是重大的战术发明。”

（3）二战中的王牌飞行员

二战是人类历史上规模最大的一次战争，也是空中力量得以空前使用的一次旷日持久的大战。据统计，交战双方被击落的飞机中，3/4是由以战斗机为主的飞机击落的。由此可见，通过空战消灭对方飞机是对付空中力量的主要手段，由此产生了大批优秀飞行员，他们为推动航空技术的发展做出了贡献。

——二战盟军一号“王牌”：苏联阔日杜布

在莫斯科加加林空军学院博物馆内，一架机身涂有62颗银星、机号为13的“拉”式歼击机展翅挺立。这就是在苏联卫国战争期间击落敌机62架、荣获三枚“苏联英雄”

伊凡·尼·阔日杜布

金质奖章的苏联英雄伊凡·尼·阔日杜布的坐骑。阔日杜布不仅在苏联飞行员中战绩最为卓著，而且在整个反法西斯盟军中也高居榜首。使人称道的是，他在战争的第三年才开赴战场，在这样短的时间里就取得如此辉煌的战绩。

1941 年 6 月，苏德战争爆发，已经从航校毕业的阔日杜布再三申请上前线，但学校坚持让他留校任教。1943 年初，在新一轮扩大空军实力的机遇中，阔日杜布获准加入战斗机部队，到南线作战。最初几次升空作战中，他和所有新飞行员一样，感到平时学的东西好像都用不上，手忙脚乱，顾此失彼，躲过了敌人的地面火力又陷入敌机的包围，险些被敌机捡个便宜。直到 7 月库尔斯克战役第一天，他的履历本“战功”栏才实现零的突破。经过认真总结，阔日杜布作战技术有了飞快的进步。一个半月里他又击落了 7 架敌机，一跃成为全国优秀射手。1944 年 2 月，他以击落敌机 20 架的成绩获得第一枚“苏联英雄”勋章。

1944 年五一节，阔日杜布接回了集体农庄庄员用自己的积蓄为他买的崭新的拉 -5 飞机。在重新参战的第一周，他就击落了 8 架敌机。到 1945 年春，红军已把德国鬼子全部赶出国境。此时，阔日杜布的坐骑上已经缀满了 49 颗耀眼夺目的小银星，荣获了第二枚“苏联英雄”勋章。

1945 年 4 月 24 日，他赢得了个人一生中最有意义的一次空战胜利—— 打下了一架刚参战不久的德国 Me 262 喷气式战斗机。5 月 8 日，德国宣布投降，至此总共击落敌机 62 架的阔日杜布荣获第三枚“苏联英雄”勋章。

战后，阔日杜布没有停止蓝天生涯，而是进入军事院校深造。朝鲜战争中，他曾奉命带领装备米格 -15 的歼击机师进驻我国东北参战，共击落击伤 364 架敌机，涌现出 26 名苏联英雄。回国后，阔日杜布晋升为将军，1964 年出任莫斯科军区空军第一副司令，1971 年到苏联空军总部机关担任领导工作，他还是全苏航空体育联合会主席。1985 年阔日杜布晋升为空军元帅。1991 年 8 月 12 日，阔日杜布病逝，苏联人民失去了一位英雄，中国人民失去了一位忠实的朋友。

——美国二战头号王牌理查德·邦

理查德·邦 1941 年参加陆军航空队学

理查德·邦

习飞行，1942 年 1 月从航校毕业。1942 年 11 月调到 35 战斗机大队 49 中队。12 月 27 日，托马斯·林奇上尉率领该大队的 12 架 P-38“闪电”从莫尔兹比基地起飞，前往拦截一个企图袭扰美军的日机编队。在 5400 米空中，他们遇到了日机。日机有 30 多架，著名的“零式”打头阵，为轰炸机和攻击机开道。林奇一声令下，12 架“闪电”齐刷刷地投掉了副油箱，然后以战斗队形冲向日机编队。这次行动是邦第一次在空中看见涂着红膏药的日本飞机，既激动又紧张。经过短短 8 分钟的战斗，49 大队这批从未参加过实战的年轻人竟然打下了 18 架日机，其中林奇打下 2 架，邦也打下 2 架。首开纪录之后，他又连连得手。10 天之内，又干掉了 3 架。1943 年 1 月 7 日，他一跃成为第 5 航空队的新王牌。到 7 月底，他的战绩上升到 16 架，成为第 5 航空队的头号杀手。1944 年 4 月，他的战绩上升到 27 架，超过了一战期间美国的头号王牌里肯巴克的 26 架的纪录。里肯巴克一直是美国人心目中的超级空战英雄。

邦在打下第 30 架日机后，第二次返回美国奉调去培养新飞行员。在国内，他受到社会各界的狂热欢迎，被报章奉为“伟大的战争明星”。在训练基地，邦主要讲授射击课。他结合自己的经历，深入浅出地向新飞行员们传授他那超一流的射术。不久，经他一再请求，他又返回阔别近半年的太平洋战场，重新投入 10 月底的莱特湾战役中。他被授予一项特权，可以随时随地升空作战，无需请示批准。11 月—12 月，他的战绩直线上升，达到 40 架。这是美军飞行员在二战中达到的最高纪录。麦克阿瑟将军在为他颁发美国国会荣誉勋章时称赞他“是一个在太平洋上从新几内亚至菲律宾之间主宰天空的人”。

二战结束前夕，邦奉命回国参加喷气式飞机的研制，担任试飞工作。1945 年 8 月 6 日，邦驾驶 P-80 喷气式飞机起飞时，因发生机械故障遇难。当时，他还没有满 25 周岁。

——创造空战战果绝对纪录的德国二战头号王牌哈特曼

在空战史上，有一个飞行员在两年半时间内参加 825 次空战，执行任务 1405 次，安全跳伞一次，迫降 15 次，击落对方飞机

352 架（其中 261 架单发飞机，91 架双发飞机），远远高于其他参战国的“头号王牌”（苏联 62 架，美国 40 架，英国 38 架）。这个飞行员就是德国人埃里希·哈特曼。航空史学家们认为，哈特曼创造的战绩，除了归功于个人技巧之外，还有一些其他因素：如他在东线作战，对手的装备质量、飞行员训练和作战水平有别于西线；德国飞行员长时间连续在同一战场作战，而盟军飞行员轮流在不同战场作战等。另外，德国空军战果统计比较随意，不如英、美严格，也可能导致空战成绩大大高于其他国家。人们感叹，哈特曼创下的空战史上空前绝后的纪录，在现代空战条件下，很可能成为后人永远无法超越的高峰。

哈特曼 1922 年 4 月出生，1940 年高中毕业即报名参加空军。1941 年 3 月，他转入空战学校，入校不到一个月就放了单飞，基本飞行训练结束后转入学习驾驶 Me109 战斗机，特别热衷于近距离射击。

1942 年 11 月 5 日，哈特曼随另外 3 架飞机起飞，去拦截 8 架伊尔 -2 和 10 架拉格 -3。哈特曼第一个发现苏联战机，急速俯冲到 50 米高度，在 100 米距离内，对一架伊尔 -2 开火。但枪弹从苏机装甲上弹了回来。伊尔 -2 的装甲厚度是出了名的，他改用攻击滑油散热器的方法。哈特曼急速爬高，然后俯冲到离地面仅几米的高度，从苏

埃里希·哈特曼（左）

机的后下方逼近到 60 米，哈特曼对准滑油散热器开火。这架苏机立即冒出了浓烟，拖着长长的火焰栽下去了。这是他第一次胜利，也是他新战术的胜利。

第一次胜利的启示使哈特曼很快获得了信心，也创造了一种背离教科书的新战术。到 1943 年 4 月底，他已出动了 110 次，当上了长机。1943 年 7 月 5 日，哈特曼一天出动 4 次，击落 5 架拉格 -5。8 月 17 日，他击落的飞机达到 80 架，平了一战头号王牌“红男爵”里希特霍芬所创造的世界纪录。9 月，他升任中队长。截至 10 月 29 日，哈特曼共击落 150 架飞机，其中 148 架是在 2 月底到 10 月底这 8 个月中取得的，平均每月打下 18.5 架，每 5 天打下 3 架。他因此被授予“铁十字”骑士勋章。

1944 年 5 月初，在苏军的强大反击攻势面前，哈特曼的中队狼狈撤出苏联，移防罗马尼亚。他们的任务是拦截袭击罗马尼亚

石油中心的美国 B-17、B-24 轰炸机，同时继续和苏联空军作战。8 月 23 日，哈特曼三次升空，打下了 8 架飞机，击落飞机总数达到 290 架，超过另一位王牌的纪录，终于成为德国空军最有成就的战斗能手，也是有史以来世界各国空军中击落飞机最多的人。

哈特曼彼时的目标是攀登击落敌机 300 架这个人类从未征服过的高峰。1944 年 8 月 24 日，哈特曼两次升空作战，击落飞机 11 架，从而使他击落飞机总数达到 301 架，也使他成为世界上第一个击落飞机超过 300 架的王牌飞行员。

二战结束前的几个月，哈特曼的主要对手变成轰炸罗马尼亚油田护航的 P-51“野马”了。战斗十分困难，因为性能过时的 Me109 敌不过新问世的“野马”。

1945 年 5 月 8 日，德国宣布无条件投降的这天，哈特曼在捷克无意中打下一架雅克 -11 飞机，这是他击落的第 352 架飞机。返回机场后，哈特曼和联队长一起烧毁了剩下的 25 架飞机，带着部属及其家眷共 200 人从陆上撤向西方。后来，哈特曼成了苏联的战俘，1949 年 12 月，他被判 25 年徒刑。1955 年哈特曼被提前释放。

3. 从配角到主角——战后空中力量的发展

二战后，以美国为首的西方统治集团，为了遏制人民革命运动的发展，巩固资本主义体系，采用各种手段推行“冷战”政策。1946 年 3 月英国首相丘吉尔的反共演说和 1947 年 3 月美国总统杜鲁门提出的国情咨文的有关内容，标志着西方国家奉行“冷战”政策的开始。随后，美、苏两大军事集团——北约和华约相继产生。从此以后，双方千万大军开始处于战略对峙状态，进而导致军备竞赛，争夺核优势、航天优势的斗争愈演愈烈，国际形势日趋紧张。直到 1991 年苏联解体、华约解散后，长达 40 年的“冷战”才算告一段落。“冷战”结束后，国际形势一度趋向缓和。但是，美国统治集团鼓吹“要继续领导世界 100 年”，霸权主义野心不死，试图发动反对中国和广大发展中国家的新冷战，这是值得引起警惕和防备的。

二战以后，世界上发生的局部战争和武装冲突多达数百起，其中与空中力量关系密切的有朝鲜战争、越南战争、中东战争、马岛战争、海湾战争、科索沃战争，在阿富汗进行的“反恐”作战、伊拉克战争和叙利亚战争等。

战后，由于航空技术装备和武器的发展，世界主要国家空军的数量和质量都发生了很大变化。新式杀伤兵器——导弹、制导炸弹和新式火控系统，以及先进的航行驾驶、火控设备和电子对抗设备的使用，使航空兵的战斗力空前提高。在各次局部战争中，由于航空兵的大量使用，对整个战争进程和结局都有重大的影响。同二战时期相比，空军的战斗样式和方法发生了令人瞩目的变化，并使其在战争中的作用显著提高，成为战争中不可缺少的军种。

（1）二战后的冷战和多次局部战争

下面主要对空中力量在柏林空运、朝鲜战争、越南战争、中东战争、马岛战争、贝卡谷地空战、海湾战争和科索沃战争中的应用进行简要的介绍。

——柏林空运

柏林空运是二战结束后美、苏间第一场冷战。为了保住西柏林的地位，在苏联于1948年6月封锁了西柏林与西德之间的地面联系的情况下，美、英组织了一场规模空前的空中运输，代号为“运粮行动”，将各种生活物资空运西柏林。在长达15个月的时间里，西柏林老百姓和驻军共250万人完全靠空运维持最低生活水平，经受了一次严峻的考验。空运期间，美军参运飞机319架，总飞行时间59.75万小时，日均飞行1800小时以上。英国出动的140架飞机中，除美制“达科他”（C–47）外，还有从“兰卡斯特”“哈利法克斯”等轰炸机改装的运输机，甚至还有水上飞机。英国飞机8个月总飞行时间11.67万小时，日均飞600小时，承担了整个空运期间总货运量的17 %。

柏林空运的三条空中路线

——朝鲜战争

朝鲜战争是1950年6月25日爆发的。在战争中，美国空军投入了大量兵力，力图以空中力量的优势进行野蛮轰炸，摧毁朝鲜民主主义人民共和国的城市和乡村，破坏其工业、交通线、机场网和重要军事目标，保障地面军队顺利推进。但在朝鲜人民军和中国人民志愿军空军和防空部队的抗击下，美国空军虽然掌握了空中优势，在战争中仍遭受重大损失，没能挽回地面作战的败局。

二战末期交战双方已经开始装备喷气式战斗机，但喷气战斗机之间真正的空战始于朝鲜战争。志愿军空军驾驶苏制米格–15战斗机，有力地抵御了美军的F–80、F–84、F–86等大批喷气式飞机，使美军遭受了重大损失，也使米格–15一举成名。在空战中，中国年轻的飞

中国人民志愿军的米格 -15

行员击落敌机 330 架，其中包括有丰富经验的王牌飞行员，地面防空火力击落 900 多架。

根据看到的俄罗斯档案文献的统计数字，在整个战争期间，先后有 12 个苏联空军师投入了空战，轮番参战的空军人数总计为 72000 人。苏联空军的歼击机总共击落了 1097 架敌机，高射炮兵击落了 212 架敌机。

三年战争中，美军出动飞机 104 万余架次，投弹 64 万余吨，总耗资 200 亿美元，而进行空中战争就消耗了 40 亿美元。当年侵朝美国第 8 集团军司令李奇微在其回忆录《朝鲜战争》一书中评论空军的作用时说："在朝鲜，我们实际掌握着整个半岛的制空权，但是，就连麦克阿瑟本人也承认，我们无法依靠空中轰炸来孤立战场和切断对方的增援和补给。"

——越南战争

美国侵略越南的战争从 1961 年 5 月到 1973 年 3 月，历时 12 年，是二战后持续时间最长的一次大规模局部战争。其间，美国使用了大量的空中力量，对越南南方和北方进行了狂轰滥炸。同时，使用各种飞机配合其地面军队作战。整个战争中，美军投入作战的各型飞机和直升机最多达 5000 架。战斗出动 129 万架次，投弹 775 万吨，相当于美、英在二战期间欧洲战场总投弹量的 2.8 倍，是朝鲜战场总投弹量的 11 倍，给越南造成了严重的破坏。但越南军民在世界各国人民的支援下，以当时仅有 200 架飞机的弱小空军协同防空军，以及其他军兵种和人民群众的配合下，顽强抗击，共击落、击毁美机 8546 架，沉重打击了美国空中力量。

在战争过程中，美军空中力量主要遂行空中阻滞、近距空中支援、空运和空中机动

B-52 在越南狂轰滥炸

作战，以及空袭作战四项基本任务。美军在越南战争中还广泛使用陆军航空兵，主要是用直升机支援地面作战，收到了很大效果。

——中东战争

1945年以来，中东地区多次发生战争，其中从空战的角度看，影响较大的有两次，即1967年和1973年的第三、第四次中东战争。

1967年6月5日，以色列对埃及、叙利亚和约旦等阿拉伯国家发动了一场“闪电”式的大规模空袭。由于阿方缺乏战争准备，指挥无力，使以色列在6天内侵占了加沙地带、西奈半岛、约旦河西岸和戈兰高地。阿拉伯国家遭到严重挫折，被迫于6月11日接受停火。

1973年10月6日（星期六），埃及和叙利亚对以色列发动了突然袭击，初战获胜，夺取了制空权，沉重地打击了以色列的嚣张气焰。但由于埃、叙领导人的软弱性和对苏联的依赖，缺乏将战争进行到底的决心，在苏、美的压力下，于10月24日接受完全停火。整个战争历时18天。10月6日是犹太教赎罪日，故又称“赎罪日战争”。

第四次中东战争中，电子对抗进行得非常激烈。战争一开始，以色列空军由于没有广泛使用电子对抗设备压制住对方的电子设备而遭受重大损失，后期吸取了教训，有了改进，损失才大为减少。战争中，以色列空军共损失飞机109架。在被击落的109架以色列飞机中，有71架是被防空导弹和高射炮击落的，并且其中大部分是被新型的萨姆-6地对空导弹击落的。以色列受到打击的严重程度出乎意料。

——马岛战争

马岛战争是1982年4月2日—6月14日在英国和阿根廷之间为争夺马尔维纳斯（英国称福克兰）群岛而进行的登陆和抗登陆作战，历时74天。这场战争中的海空战有许多场面十分壮观，因而也被称为二战后

马岛战争中击沉英国军舰的“超军旗”攻击机

在南大西洋进行的规模最大的现代海空争夺战。

1982年4月2日，阿根廷陆、海、空三军突击队4000余人突然登陆夺占马岛。三天后，英国一支强大的特遣舰队在“竞技神”号和“常胜”号航空母舰率领下驶离英国本土。4月30日，抵达马岛海域的英国特遣舰队宣布，对马岛实施全面海空封锁。5月1日，英国战略轰炸机首次空袭马岛首府机场。5月20—21日夜间，英军在圣卡洛斯水域登陆。经三周岛上激战，英国凭借军事上的优势，打赢了马岛战争，夺回了马岛。在74天的陆、海、空三军协同作战中，英、阿双方航空兵都发挥了重要作用。在空袭和防空作战中，都取得了良好的战绩，也都有宝贵的经验和教训。

——贝卡谷地空战

贝卡谷地空战，是指1982年6月9日，以空军出动各型飞机96架，在E-2C空中预警指挥机的指挥下，由F-15、F-16飞机进行空中掩护，F-4、F-16和A-4飞机使用多种精确制导武器和非制导武器进行密集突击，在6分钟内成功地摧毁了叙利亚苦心经营10年、耗资20亿美元的19个萨姆导弹阵地。在随后的两天里，以色列空军进一步扩大战果。贝卡谷地空战是空战史上具有划时代意义的一个著名战例，充分显示了电子战在空战中的巨大作用，空中作战又向多机种群体化作战方向迈进了一步。

——海湾战争

海湾战争是以美国为首的多国部队于1991年1月17日至2月28日在联合国安理会授权下，为恢复科威特领土完整而对伊拉克进行的局部战争，同时也是人类战争史上现代化程度最高、使用新式武器最多的一场所谓“非对称战争”。历时42天的海湾战争的主要特色是空中作战的比重远远超过地面战斗，空袭的激烈程度史无前例，给今后的现代化战争勾画出一个大致轮廓。

多国部队出动3900多架作战飞机，在预警机、电子干扰机、侦察机、加油机等特种飞机的密切支援下，对伊拉克的战略和战术目标实施长时间、连续、猛烈的轰炸。从1991年1月17日至2月28日，共出动飞机约11万架次，平均每天2600多架次，最多时，每天高达3000架次，总投弹量达11万吨左右。长达38天的空袭，不但摧毁了伊拉克1/3的坦克和大炮，而且从总体上破坏了伊军的作战能力。最后的地面战争只用了4天时间，就取得了胜利。

通过海湾战争，各国对现代战争的特点加紧进行研究，得出一些基本的结论，如要充分评估空中作战力量在现代战争中的作用，夺取制空权是发挥空中作战力量作用的关键，空中作战力量必须有配套的特种飞机且设备协调使用才能发挥作用等。

——科索沃战争

科索沃战争（1999年3月24日—1999年6月10日）是一场由科索沃的民族矛盾直接引发，在以美国为首的北约的推动下发生在20世纪末的一场重要的高技术局部战争。西方国家利用绝对空中优势，对弱势的南联盟进行连续78天的轰炸，武力迫使其就范。其作战样式是一种典型的非接触式交战，交战双方从始至终都没有在战场上近距离交战，这在世界战争史上是极为少见的。

在作战过程中，北约主要采用三种战法：一是在距离战场上千千米处发射巡航导弹；二是从美国本土或盟军基地出动隐身轰炸机，在电子干扰机的支援下，深入战区，投射精确制导炸弹；三是在掌握战区制空权的前提下，使用有人驾驶作战飞机从防区外发射精确制导武器，攻击预定目标。

此次空袭，在持续时间上超过了海湾战争的“沙漠风暴”行动；在破坏程度上超过了二战中的不列颠之战；在打击精度上超过了空袭作战产生以来的任何一次战争。如果说，一战中的空袭主要是战术行动，二战中的空袭主要是战役和战略行动，海湾战争中的38天空袭成为那场战争的主体，那么在这次科索沃战争中，空袭与反空袭就成了这场战争的全部。这场战争反映出现代条件下的一些特点，引起人们的高度关注：高技术武器装备成为战场的主角；精确制导武器大量使用，极大地提高了打击的精度；先进的作战指挥系统增大了战场的透明度和指挥控制能力；隐身及夜视设备改变了传统作战方法，增强了作战主动权；信息技术成为提高新型武器装备效能的关键。

（2）二战后航空技术飞速发展

以喷气技术为代表的大批新技术问世。

——喷气推进

提高速度、高度和载重一直是从事航空活动的人们狂热追求的目标，而这三者都与飞机的动力密切相关。早期飞机的唯一动力是活塞式内燃机。自从飞机诞生以来，人们为改进这种发动机付出了巨大的努力，并在燃料、结构、材料及冷却方式等方面取得过大量成果。这些改进使航空发动机的性能水平不断提高，其重量马力比在20世纪30年代下降了近2000%。发动机的进步使飞机性能有了相当大的提高。

二战后期使用的活塞式发动机 GR-3350“旋风”

惠特尔和他发明的第一台喷气发动机

但是，从 20 世纪 30 年代起，情况发生了变化。活塞发动机在大大小小的改进中，越是趋于完善，就越难进一步改进。似乎它已达到了发展的极限，呈现出衰老的征兆。

一战后，在探索更为有效的航空动力形式的过程中，空气喷气推进方式受到越来越多的重视。在 20 世纪 20 年代和 30 年代，几乎所有航空技术比较先进的国家的技术专家，为实现空气喷气推进，都提出了不同的方案和设想，并进行过不少的试验。正是欧洲人的不懈努力，首先研制出喷气发动机和喷气式飞机，使航空喷气时代在二战时期降临人间。其中的两个人在互不通信息的情况下，各自在同一时期完成了这一发明。他们是英国人弗朗克·惠特尔和德国人汉斯·冯·奥海因。

二战末期就有少量喷气飞机装备部队，但是大规模使用还是在二战之后的事情了。

——突破“声障”

20 世纪 40 年代，提高飞机速度成为人们最关心的课题之一。美国军方在二战结束前夕和美国国家航空航天局（NASA，1958 年以前叫 NACA，即国家航空咨询委员会）开始一项以“X”命名的探索跨声速和超声速飞行奥秘的研究计划。X 是实验、试验的意思，寓意计划的目的在于探索未知。X 系列飞机取得过重要的成果——从 1947 年 10 月突破声障的 X-1 到 20 年后飞行速度达到马赫数为 6 ~ 7 的 X-15。

战后 70 多年来，X 系列研究机计划对推进美国乃至全世界航空航天技术的发展发

1947 年 10 月 14 日耶格尔驾驶 X-1 研究机突破声障

挥了重要的作用。近年来，仍然有不少以X打头的试验计划，但是越来越趋向于由政府和工业界共同出资快速造出按比例缩小的无人驾驶飞行器作为原型机，以节省验证技术的费用。

——机翼的变迁

机翼是飞机上用来产生升力的主要部件，是空气动力学发生作用的主要对象。机翼的外形和平面形状、翼剖面形状（翼型）、机翼上采用的各种改善气动特性的措施都直接影响飞机的性能，因此飞机问世以来，机翼不断变化和改进。以机翼的平面形状为例，大致经历了如下几个时期：容易制作的矩形机翼；既能够大大减少飞行阻力，又可以很方便地制作的梯形机翼；有助于突破声障的后掠翼；刚度明显增强的三角翼；能根据飞行速度大小来改变后掠角、具有快慢兼优特点的变后掠翼；既具有变后掠翼高低速兼优的性能，又具有体轻、构造简单优点的边条机翼……

二战初期还在用的英国“剑鱼”双翼机

当代的“幻影”2000三角翼战斗机

——隐身技术

“隐身”这个词只是一个借喻，并不是指飞机能变得无影无踪。它主要是利用各种技术来降低飞机的雷达、红外、激光、电视、目视和声磁等信号特征，使其不易被发现，也就是说，是一种不易被“看见”，而不是“看不见”的飞机。隐身飞机能在空战中先敌发现、先敌攻击，易于取得作战主动权；

F-117是世界上第一种隐身攻击机

利于实施突防、空袭，增强空袭的突然性、破坏性；同时也利于提高本机的生存力。因而提高隐身能力是作战飞机的一个重要发展趋向。

降低飞机各种信号特征、提高飞机隐身性能的技术称之为隐身技术。目前采用的隐身技术重点是减少雷达截面积和减弱红外辐射。

——机载电子设备

航空电子技术是一个范畴很大、边界模糊并且正在迅速延拓的技术概念。如今，它不仅包括传统观念上的机载无线电设备（诸如通信、导航、雷达、遥测、遥感、电视、电子侦察与干扰等），而且还包括各类机载计算机，数据处理、显示与记录设备，并广义地涉及到某些光电设备、光纤设备、激光设备和红外线设备，甚至渗透到了飞机外形和蒙皮材料之中。

电子设备品类繁多，不胜枚举。一架飞机，机体只有一个，发动机不止一台，但航空电子设备，就要繁杂得多。在大型的战斗机上，可能有几十种甚至几百种无线电/电子技术设备。仅以机载火力控制雷达为例，其发展大体上可分为测距机、脉冲雷达、脉冲多普勒雷达及相控阵雷达四个阶段。在近50多年来的发展过程中，不断被注入新的技术成果，性能也随之有了大幅度的提高。

——战斗机迎来“第五代”

战斗机的更新换代是航空科技发展提供的物质基础和军事需求相结合的产物，自从二战末期喷气发动机问世以来，战斗机先后经历了五代。每一代战斗机又都有各自的技术性能特点和作战任务，代与代之间有质的飞跃和台阶式的提高。

关于战斗机的划代，以前有美国的“四代论”和俄罗斯人的“五代论”。2007年，美国的F-22A开始形成初始作战能力，原来美国人自己认定F-22是“四代机”，这时却改称其为“五代机”，引起了业界的广泛关注。此后不久，研制F-22的洛马公司特邀曾经担任过美国航空航天博物馆馆长的沃尔特·博伊恩，在美国《空军》杂志上撰写了一篇题为《代沟》的文章，回顾并总结了从喷气时代开始，60多年来世界（主要指美国）战斗机的发展历程，文中明确无误地表明美国人对喷气战斗机划代的新观点：将美国的“四代机”上升为“第五代”。这样，长期以来两种划代法造成的不一致就基本统一了。

按统一后的划代法，各代的基本特征是：

第一代喷气战斗机是20世纪40年代的几种试验型飞机，包括德国亨克尔公司He280双发战斗机、梅塞施米特Me262战斗机、英国格罗斯特公司生产的“流星”和美国的F-80等，有的虽然参战了，但是影响不大，特点是速度比之前的活塞式发动机飞机有了革命性的提升。

第二代喷气战斗机主要特点是采用后掠翼、飞行速度为亚声速，代表机型有米格-15和F-86等，它们的“机身都是依照喷气发动机的潜能而设计制造的，为的是充分发挥战斗机的性能”。

第三代喷气战斗机出现在20世纪50年代末和60年代初，象征超声速飞行时代的到来，各种先进的空空导弹和大功率涡轮喷气发动机或早期的涡轮风扇发动机等新设计、新性能装备迅速普及。代表机种包括美国的“百字头”系列（F-100、F-101、F-102、F-104、F-105、F-106）、F-4“鬼怪”，苏联的米格-17、米格-19和米格-21，法国“幻影”Ⅲ，瑞典的萨伯35“龙”、萨伯37“雷”和英国“闪电”等。

第四代喷气战斗机始现于20世纪70年代中期，而且至今依然是世界上多数国家的顶级战斗机，突出高机动性能，广泛采用了高推重比的发动机、更高性能和更高可靠性的电子设备、电传飞行控制系统、零高度弹射救生能力、改进的武器和数目不断增加的机载计算机。典型机种包括美国的F-14、F-15、F-16、F/A-18，苏联的米格-23、米格-29、苏-27和它们的改型，法国的“阵风”，欧洲的“台风”，瑞典的JAS.39“鹰狮”等。中国的歼10，研制时按美国人原来的划代法，我们自己提出的目标是“追赶F-16的三代机”，现在也属于这一代。

第五代喷气战斗机的性能特点可以用4S来概括，即“隐身、超声速巡航、超机动和短距起降”，其中最具革命性的是隐身性能。已经服役的五代机有美国F-22A“猛禽”和F-35“闪电”Ⅱ，中国的歼20于

中国的四代机歼10

F-22

2018 年 2 月 9 日开始列装空军作战部队，还有处于不同研制阶段的中国歼 31 和俄罗斯的苏 -57。

至于第六代战斗机，仅少数国家在进行概念探索。有人说，“正处在设计阶段，但在近几十年内不可能出现，其特点将会是高超声速、双模发动机和自适应外形”，也有人说，“从当前的技术发展趋势，大致可以预测，云计算和定向能武器将成为第六代战机的标配。美国的军火商现在正在推动这个潮流的发展”。看来，这个目前各国还没有一个统一标准的第六代战机在 2030 年之前未必能变成现实。

——军用飞机的新走向

现代战争中，军用飞机在夺取制空权、防空作战、支援地面部队和舰艇部队作战等方面，都将发挥更重要的作用。在可以预见的一个时期内，军用飞机的发展趋势主要是为了减少或摆脱对机场的依赖，将继续向垂直 / 短距起落方向发展；无人驾驶飞机在军事上的应用受到极大重视；飞行控制方面，将会有重大进步；电子对抗系统将占有更为重要的地位；在军用飞机的设计中进一步重视改进机体外形和大量采用非金属材料等“隐身”技术；武装直升机将得到迅速发展；激光武器将成为军用飞机的利剑。

具体到不同类型的飞行器未来的发展趋势，则要根据它们目前达到的水平、存在的问题和今后能够提供的科技支撑，加以综合考虑。以军用直升机为例：由于目前直升机速度慢是最大的短板，各国都在研制高速直升机，使之能够快速进入、退出战场，从而提高作战安全性；提升直升机的战场生存能力，包括隐身技术、结构设计和材料等；使用电传飞行等，提高智能化水平，减轻飞行员的工作负担；采用模块化设计，使用中遇到问题可以更换故障部件，提升部队的自我保障能力，大大提升部队的作战能力。

二、当代中国的空中力量

说到中国空中力量，人们自然而然首先想到的是空军。实际上，从广义的空中力量看，还应该包括海军航空兵、陆军航空兵和火箭军，由它们一起构成保卫祖国国土和领海上空的屏障。

1. 空军

中国人民解放军空军于1949年11月11日正式成立，经过近70年的建设，人民空军已经发展成为一支由航空兵、地空导弹兵、高射炮兵、雷达兵、空降兵、电子对抗兵和气象兵等多兵种合成，由战斗机、强击机、轰炸机、运输机等多机种组成的现代化的高技术军种。主要任务是担负国土防空，支援陆、海军作战，对敌后方实施空袭，进行空运和航空侦察等任务。

人民空军在发展历程中经历不同的时期：

——第一个时期（1949—1953）：迎接挑战、超常建设、跨越式发展

1950年12月，刚满周岁的人民空军奔赴抗美援朝战场。以不到200架飞机、飞行员平均飞行时间14小时38分，迎击强敌，击落敌机330架、击伤95架，首创世界战争史上大规模使用喷气式战机空战的纪录。到1953年的短短4年间，就发展为28个航空兵师、装备各型飞机3000余架的空中力量。

——第二个时期（1953—1965）：全面发展，防空作战战果辉煌

其间，各项条令和军事理论有建树；军事

训练从速成转入正规；主战装备发展开始由全面引进向以国内生产为主转变。空军在国土防空作战中击落的上百架敌机，大部分是这一时期的战果。特别是1959年10月7日，空军地空导弹兵击落了敌RB-57D高空侦察机，开创了世界防空作战史上第一次使用地空导弹击落飞机的先例。此后，又连续用地空导弹5次击落U-2高空间谍飞机，有力地捍卫了空中安全。

——第三个时期（1966—1976）：十年“文革”动乱，空军建设发展也受到重大影响

——第四个时期（1977—90年代初）：在整顿中恢复、提高，步入新发展

1977年，空军开展“十大整顿”，使各项工作基本扭转到正确的轨道上来。加强飞行训练；拉开了武器装备全面更新的序幕，包括引进外国飞机，获得一些国产新装备，开始研制电子干扰和空中加油技术，启动研制新一代作战飞机。

——第五个时期（20世纪末至今）：战略转型，进入第二次跨越式发展

1993年初，我军确立了新时期军事战略方针，空军也由此进入了以打赢现代化局部战争为目标的“转型”与跨越发展的新时期。进入21世纪以后，空军确立了“空天一体、攻防兼备”战略，对作战运用和长远发展进行了全面系统的规划，迈开了全面跨越式发展的新步伐。21世纪是空天世纪，空天领域已成为国际战略竞争的新的制高点。由空向天，以天制空，实现空天一体，是事关大国空军未来的战略抉择，也是空天时代空中力量角逐最白热化的领域。

2. 海军航空兵

海军航空兵是在海洋上空执行作战任务的海军兵种，按照起降基地的不同，分为岸基航空兵和舰载航空兵。中国海军航空兵自1952年6月组建第一个航空师以来，已由单一的航空兵发展成为包括飞行、雷达、高炮、技术侦察等部队在内的多种作战力量。

在与美军作战中，中国海空雄鹰们用劣势装备先后击落美机7架，击伤1架，美军在惊慌失措中击落自己飞机1架，以9∶0的优异战绩，打出了国威军威！20世纪90年代末，中国海军航空兵装备了国产FBC-1“飞豹”歼击轰炸机，使中国海军航空兵的远海作战、高速机动、对地对海突击能力明显提高。中国自行研制的轰6空中加油机也加入了中国海军航空兵序列。目前，中国海军航空兵已拥有战斗机、轰炸机、歼击轰炸机、强击机、舰载直升机、空中加油机、电子干扰机、水上飞机、侦察机、反潜飞机和运输机等多种机型。机队总规模超过600架，即使与一些先进国家的空军相比，也绝对够得上“重量级”。

3. 陆军航空兵

陆军航空兵部队是1986年在百万大裁军的背景下诞生、成长起来的。30多年来，陆军这个新成立的作战兵种从无到有、从小到大、从弱到强，逐步成为我国陆军实现非线性立体机动作战的骨干力量之一。成立之初，陆航只有79架直升机，且基本上为国外进口，型号复杂。为解决装备急需，先后从法国和俄罗斯引进了武装直升机和运输直升机，在此基础上开始“装备一代、研制一代、预研一代、探索一代”的自主创新之路。迄今为止，陆航部队先后完成直9系列、直8系列、直11、直10、直19等国产直升机研制列装，基本构建了以二代装备为主体、以三代装备为骨干的主战装备体系，攻克了多个发动机研制难关，初步突破动力瓶颈。

目前，陆航部队已经装备了运输、武装、勤务支援等不同用途的直升机机型，活跃在“一树之高”的超低空，在陆军作战序列中显现出越来越重要的作用。仅“十二五”的5年时间，陆军航空兵直升机增长数量就相当于陆航前25年增长的总和。

4. 火箭军

中国人民解放军火箭军是中国人民解放军新的军种，由第二炮兵更名而来，于2015年12月31日正式成立，是中国大国地位的战略支撑，是维护国家安全的重要基石。其前身第二炮兵成立于1966年7月1日，始终由中央军委直接掌握，是中国实施战略威慑的核心力量，主要担负遏制他国对中国使用核武器、遂行核反击和常规导弹精确打击任务。这支掌握着“大国利剑”的神秘部队从诞生伊始便肩负着保障中华民族根本生存利益的重任，可以说，对于潜在的敌对势力而言，曾经的“二炮”、今天的火箭军堪比古希腊神话中的“达摩克利斯”之剑，是震慑敌人的最有力杀手锏。

当前，以空军为代表的中国空中力量正站在一个新的历史起点上，努力“建设一支空天一体、攻防兼备的强大人民空军”。习近平主席对中国空军定性及模式、目标的确定，意味着中国空军的行动空间比任何时候都要广阔，成分结构比任何时候都要复杂，战斗活动的类型比任何时候都要多样，战略地位和作用比任何时候都要突出。与此相适应，中国空中力量转型需要实行同步的、一体化的三个转变：由战役战术型向战略型转变、由航空型向空天一体型转变、由防空型向攻防兼备型转变，使中国空军成为支撑中国梦、强军梦坚强力量的一流空军。

第二章

航空改变人类社会生活

一、天涯若比邻：航空运输大发展

在民用领域，飞机也拥有无比广阔的用武之地。首先，作为交通工具，飞机的作用越来越大，从20世纪30年代的DC-3，经过50年代的“彗星”喷气飞机，到70年代波音747等大型喷气客机的陆续问世，空中旅行越来越成为日常生活中不可缺少的交通工具。乘飞机越洋旅行的人数早在60年代初就超过了乘轮船旅行的人数。乘飞机不再是少数有钱人的专利。2017年有41亿人次参与空中旅行。从20世纪初发明飞机开始，民用客机的尺寸越来越大，从最初载客4~6人，发展到今天400~500人；速度越来越快，从最初每小时几十千米到今天2000多千米。飞机的大量使用，使世界各国人民之间的交往日益频繁，极大地加快了社会生活的节奏。

从人类横跨大西洋、从法国到美国所需的时间的变化，可以看出世界是怎样一步一步变成“地球村”的：

——1938年乘“诺曼底”号客轮，从法国北部的勒阿弗尔港到美国纽约需6天；

——1946年，乘DC-4客机，视天气情况需20~30小时；

——1947年，乘美国洛克希德公司“星座”飞机需18小时；

——1957年，乘“超星座”客机需14小时；

——1959年，乘波音707喷气式客机需8小时；

——1970年，乘波音747需7.5小时；

——1976年，乘“协和”号超声速客机只需3小时20分钟。

法国航空公司的大飞机飞过海滩

1937 年 5 月，“兴登堡”号飞艇不幸失事。艇上 97 人中，35 人遇难，客运飞艇的发展偃旗息鼓

1. 早期航空探险

在客运飞机大量使用之前，首先担负民用客运任务的是轻于空气的航空器——飞艇。1909 年 11 月 16 日，飞艇发明家齐伯林创办的德国航空有限责任公司，简称“德拉克”（Delag），是世界上第一家商业性民用航空运输公司。1910 年开始用飞艇载客运营，到 1913 年 11 月一战爆发前夕，该公司在德国各城市间运客 34000 人次，无一伤亡，确定了航空公司经营的基本概念。战后，齐伯林飞艇继续用于客运，直到 1937 年 5 月，硕大的充氢气的飞艇“兴登堡”号在飞越大西洋到达美国准备着陆时，不幸失事。艇上 97 人中，35 人遇难，中止了旅客运输飞艇的将近 80 年的发展。

固定翼飞机用于民间定期商业客运始于 1914 年。那年 1 月 1 日，在美国东南部佛罗里达州开辟了一条飞越海湾，连通圣彼得斯堡和坦帕的旅游航线，每天两班，飞行时间仅 23 分钟，在旅游季节共经营了 5 个月，载客 1204 人次。一战在欧洲爆发后，刚刚兴起的空运业暂时隐退。1918 年，随着战争结束，民用航空重新焕发出活力。

一战结束后，1919 年 2 月 5 日德国的德意志航空公司开辟柏林至魏玛之间的每日定期民航客运，这是欧洲第一条民航定期航线。1919 年 3 月 22 日，法国的法尔芒航空公司用“法尔芒 - 戈立德”飞机在巴黎和比利时的布鲁塞尔之间开辟每周一次的定期航班飞行，这是世界上第一条国际民航客运航线。1919 年 8 月 25 日，世界上第一条每日定期航班——伦敦至巴黎航线通航。

(1) 第一次跨大西洋飞行

1919 年 6 月，英国人约翰·阿尔科克上尉和阿瑟·布朗中尉用一架改装的维克斯公司维米轰炸机从纽芬兰起飞，经 16 小时 27 分、航程 3032 千米，在爱尔兰着陆，这是第一次跨大西洋的不着陆飞行。6 个月后，澳大利亚人罗斯·史密斯和凯斯·史密斯兄弟驾驶同一种飞机，完成了从英国到澳大利亚的首次飞行。1927 年 5 月 21 日，美国人查尔斯·林德伯格（又译林白）从纽约起飞，飞行 5778 千米，历时 33 小时 39 分到达巴黎，创造了单人从美洲大陆不着陆飞越大西洋、直抵欧洲大陆的纪录。到 30 年代初，阻断空中交通的大洋已经“不复存在”了。

(2) 第一次环球飞行

1924 年 4 月 6 日，美国陆军航空队的 8 个人驾驶 4 架道格拉斯公司制造的 DWC 双翼水上飞机从西雅图出发分段飞行，175 天以后，其中两架完成了 44340 千米的自西向东的环球飞行，开创了环球飞行的先河。1929 年 8 月 8—29 日，LZ-127“齐伯林伯爵”号飞艇用 21 天 5 小时 31 分进行了一次环球飞行。1933 年 7 月 15—22 日，美国独眼飞行家波斯特独自驾驶洛克希德公司“织女星”飞机，以 7 天 18 小时 49 分钟，从纽约出发绕地球飞行一周，航程 25099 千米，成为 30 年代轰动一时的新闻人物。1932 年 7 月 22 日到 11 月 10 日，德国道尼尔公司研制的 D-2053“鲸鱼”号水上飞机也完成了一次全程 44400 千米的环球飞行。到了现

1927 年 5 月美国人林德伯格驾驶“圣路易斯精神”号单人从美洲大陆不着陆飞越大西洋（上）
1919 年阿尔科克和布朗驾驶改装的维米轰炸机用 16 小时 27 分完成第一次跨大西洋的不着陆飞行（下）

1919 年首次分段飞越大西洋的寇蒂斯公司 NC-4

代，飞机进行环球飞行已经变得轻而易举了。

(3) 极地飞行

早在 20 世纪 20 年代，当人类还在从空中征服大西洋、太平洋等不可逾越的“拦路虎”的时候，没有忘记另一个诱人的目标：征服地球轴线上面和下面两个端点——北极和南极，一些飞行家驾驶着各种航空器加入到极地探险的行列。

第一个试图飞越北极的人是瑞典人萨罗门·奥古斯特·安德烈。他和两个助手于 1897 年 7 月 11 日开始的气球探险以失败告终。

挪威人阿蒙森和他的美国朋友埃斯沃尔斯是第一个试图乘飞机飞越北极的人。1925 年 5 月 21 日，他们和 4 个助手分乘两架德国道尼尔公司的“鲸鱼”式水上飞机飞越极地，但是也失败了。两次失败后，终于迎来了胜利的曙光。美国人伯德抢先于 1926 年 5 月 9 日乘飞机飞越北极，成为第一个成功飞越北极的人。1926 年 5 月 11 日，阿蒙森和埃斯沃尔斯第二次从斯匹次皮尔根乘“诺吉”号飞艇出发，由制造飞艇的诺比尔亲自驾驶。5 月 12 日，他们在北极上空从飞艇上投下了挪威、美国和意大利三面国旗，向各自的祖国献出赤子之心。1929 年 11 月 29 日，经过 17 小时 26 分钟的飞行，伯德第一个完成了乘飞机（福特 4AT 三发飞机）到南极的飞行。1931 年 7 月 24—30 日，一艘“齐伯林伯爵”号飞艇从列宁格勒飞抵弗朗茨·约瑟夫领地。

美国为极地飞行发行的纪念邮票（上），1926 年 5 月 9 日伯德和贝内特飞到北极上空使用的福克 F.VIIa/3m 三发飞机（下）

(4) 邮政飞行

美国和它的盟国不同，在和平时期没有

大量战争剩余的轰炸机可以改装成运输机，而且它认为，用剩余的军用飞机来解决全国范围较长距离的航运也不可靠。因此美国最初主要考虑发展空运邮件，而不是空运旅客。1918 年 5 月 15 日，华盛顿—费城—纽约的邮政航班开业，这条航线是飞行员使用寇蒂斯公司“珍妮”飞机执飞的。同年，威廉·波音和他的伙伴埃迪·胡巴德开始经营美国第一个国际邮运航班。第一次飞行是在西雅图和温哥华之间，用波音自己设计的一种飞机。同时，美国东西海岸之间的邮运航班也在开拓。随着各条航线呈扇形展开，装更大马力发动机的 DH-4 也投入运营。到 1926 年底，至少有 11 条航线在飞行，其中有的少量运载旅客。

2. 美国和欧洲选择的不同道路

2014 年 1 月 1 日是民用航空诞生整整 100 周年。为此，国际航空运输协会（IATA，是全球航空公司的行业协会，有 240 家会员，它们占全球空中交通流量的 84%）举办了为期一年的民航 100 周年纪念活动。

据 IATA 统计，民航从最初开创到今天已经变成一支全球性的重要力量。1914 年 1 月 1 日，4 个有远见的人完成了世界上第一次定期民用航班飞行：范斯勒成立了第一家圣彼得斯堡—坦帕水上飞机航空公司，提供第一次跨越坦帕湾的定期航空运输服务；飞行员杰纳斯驾驶贝诺伊斯特开办的工厂生产的水上飞机完成了第一个航班飞行；圣彼得

波音先生（右）和他的伙伴胡巴德在西雅图和温哥华之间执飞美国第一个国际邮运航班

斯堡前市长菲尔通过竞拍以 400 美元战胜竞争对手，成为 23 分钟航班的第一位乘客。

1914 年的第一个商业航班——连通佛罗里达州圣彼得斯堡和坦帕的旅游航线

这些航空先驱无法想象世界在他们飞行之后发生了怎样巨大的变化。民航产业从 1914 年 1 月 1 日一条航线只有一位乘客开始，今天全球航空运输业直接或间接地为人类提供前所未有的快速连接：

——每天平均有 800 万人次在飞行。2013 年全球空中旅客人数达 31 亿，2014 年达到 33 亿，相当于世界人口的 44%。IATA 2019 年 2 月 7 日发布最新数据称，2018 年全球航空公司安全运送了 43 亿多旅客。

——每年通过空中运输的货物约有 5000 万吨，平均每天 14 万吨。这些货物的价值达到 6.4 万亿美元，相当于全球货物贸易总值的 35%。

——2014 年全球民航产业营业额达 7430 亿美元，行业平均净利润率为 2.6%。航空支撑 5700 万个工作岗位，在经济活动中产生 2.2 万亿美元。航空产业 5400 亿美元的直接经济贡献，如果按 GDP 国家排名，航空可以排在第 19 位。

IATA 总干事说，“航空是一种向善的力量。商业飞行所具有的改变世界向更好的方向发展的潜力几乎是无限的。”“在过去一个世纪里，商业航空以 1914 年难以想象的方式改变了世界。今天，民航产业是亲人联系、连接文化、扩展思想、开辟市场和促进发展的利器。航空为全球的人们提供了自由往来的机会，有助于改变他们的生活和世界。”

（1）民航艰难起步——欧美两种模式的试验

作为一个运输产业，民航真正起步是一战之后的事。在最初的一二十年里经历了曲折而艰难的发展过程。在今天民航运输业最发达的欧洲和美国走出两条不同的路。

欧洲几个主要国家——德国、法国和英国，在各自政府的支持下，一开始就以客、货运为主，同时也兼顾邮件的运输；而在美国则是先发展航空邮政，建立起逐步完善的航线网络、地面机场设施、航空公司经营机制等，而后空中客运、货运业务迅速普及。

德国的情况可以说明欧洲发展民航的途径。和大多数欧洲国家一样，战后德国民航运输也充分利用了战时遗留下来的军用飞机。德国作为战败国，《凡尔赛和约》规定它不能生产军用飞机，于是飞机制造商想到造专门运输旅客的民用飞机，这个人就是胡果·容克斯。1919 年 6 月 25 日，容克斯研制的 F-13 全金属运输机首次试飞，是容克斯飞机设计中的一个突破。F-13 外形简洁，张臂式下单翼布局，机外没有支柱及张线，蒙皮大部分使用镀锡铁皮（俗称马口铁）。发动机在前面，其后是半敞式双人并排驾驶舱和封闭式 4 座客舱。座椅均配安全系带，是为首创。为适应不同的着陆场地，起落架可选择装用机轮、雪橇及浮筒。固定式常规起落架带后刹车。1919—1929 年期间，F-13 共生产 322 架。F-13 创造了 6 项世界第一：第一架专门设计的民用旅客机；第一架采用全金属结构的飞机；第一架采用封闭式机舱的飞机；第一架座椅有安全带的飞机；第一架机舱内装有暖气的飞机；世界上第一种批量出口最多的飞机。

德国政府对航空的支持还集中表现在对民航运输业的补贴上。1926 年 1 月，德国政府把两家从经营艰难处境中挺过来的公司——德意志劳埃德航空公司和容克斯的 ILAG 公司——合并成一家公司，称为德国汉莎航空公司，这家公司实际上垄断了德国的航空运输，政府每年补贴公司 1800 万

1926 年成立的德国汉莎航空公司当时有 55 架 F-13

F-13 是德国容克斯公司专门为运输旅客制造的第一种客机

马克，以确保公司有稳定的未来。汉莎航空公司在它开始提供定期航班服务的第一天，1926 年 4 月 6 日，拥有 18 种不同型号的 126 架飞机，其中包括 55 架 F-13 飞机，在 43 条航线上服役，是世界上最大的民航机队和航空公司之一。

美国在 20 世纪 20 年代就有人热衷试验航空客运，但从政府层面来看，却以更大的精力促进航空邮政的发展。最早成规模地开展航空邮政的国家是美国。1918 年 5 月 15 日，美国陆军通信部队（现在美国空军的前身）和邮政局联合，第一次试办定期邮政航班，用寇蒂斯公司 JN-4 等飞机，在华盛顿—费城—纽约之间对开。

20 世纪初美国就开始尝试用飞机运送邮件

1919 年，波音公司用 C 型水上飞机开辟加拿大维多利亚至美国西雅图之间的航空邮件航线，这是第一条国际航空邮件航路。此后，波音开始涉足航空邮件业务，越做越大，最终专门设立了波音航空运输公司，主要经营航空邮件业务。波音公司早期的飞机制造业务也是围绕邮政飞机展开的。1925 年 7 月 20 日首次试飞的波音 40 型飞机就是为参加“邮政运输合同”竞标而设计的飞机。

2008 年在奥什克什展出的波音 40C 邮政飞机，飞机左侧有两个乘客舱门

1922 年，邮政局开始着手建立夜间航行系统，在纽约至旧金山航线的夜航段——芝加哥到切尼航线建立夜间机场，包括安置有航标灯的航标塔。

到 20 世纪 30 年代末，美国已经建成了相当完备的航空邮政网络

正是美国航空邮政和空中邮件递送服务催生了美国商业航空公司。当航空邮政得到认可时，政府就把航空邮政服务转给了私人企业。《1925 年合同航空邮件方案》（通

常称为《凯利法案》）成为朝着建立私有的美国民航产业迈出的重要第一步。私人公司纷纷投标承运航空支线，空中邮路大大扩展了，它们是横贯美国大陆的空中航路的补充。

1926年5月20日，美国国会通过《商业航空法案》，它是美国关于民用航空的第一部立法，对民航运作中的一系列问题做出规定，其中包括邮政署把机场等设施全部移交给商业部，归其下的民用航空委员会负责管理。

然而，航空公司完成从运送邮件到主要运送旅客和货物，还需要经历一番周折。严重的问题是，如何让私营航空公司不靠政府补贴也能赚到钱？当时，众多热衷发展民航的梦想家投资创办航空公司屡遭失败。重要的原因是航空技术水平还不够高。在20年代末，在美国东西海岸之间旅行，乘火车还是比乘飞机快。乘飞机必须绕着山飞，夜里不能安全飞行，还要频繁地着陆加注燃料。空中飞行也很不舒服，一些乘客穿上工作服、带着头盔和护目镜。飞机的蒙皮是一层薄薄的金属板，被风一吹咣当作响，乘客要在耳朵里塞上棉球以阻隔噪声。飞机机舱是不增压的，也就是说乘客要靠嚼口香糖来平衡气压，还要准备纸袋防止恶心呕吐。尽管如此，乘飞机空中旅行的人数却在逐步增加。1926年美国在航空公司乘飞机的旅客不到6000人，1929年增加到173000人，旅客中大部分是生意人，越来越多的公司为他们的员工报销机票。

到了30年代，随着航空技术的进步，新飞机不断涌现，民用航空迎来了大发展。首先是座舱仪表和领航设备的研制取得进展，陀螺技术应用到飞行仪表上。这时飞机中就出现了人工地平仪，它能向飞行员指示飞机所处的飞行高度；陀螺磁罗盘指示器，在罗盘上刻有度数，可随时显示出航向的变化；地磁感应罗盘，它不受飞机上常常带有的大量铁质东西的影响，也不受振动和地球磁场的影响。1929年9月，美国陆军杜立特中尉从纽约米歇尔机场起飞，在24千米不规则航线上飞行后着陆，当时座舱用布遮挡起来，他看不见座舱外面的所有东西。他利用了第一台“仪表导航装置”，包括非常精确的气压计、斯佩里发明的人工水平仪和陀螺仪，还有着陆用的无线电方向标，完成了第一次“盲目飞行”。

1933年2月8日，波音247首次试飞，该机为双发、全金属单翼飞机，有可收放起落架、可调桨距的螺旋桨，能带10名乘客和180千克邮件，业界公认是第一种现代民航机。到1933年夏天，该机创造了从美国东海岸到西海岸只需19小时45分钟的时间纪录。1935年12月17日，美国道格拉斯公司DC-3首次试飞，该机是一种安全、可靠，特别是能赢利的飞机，给空运业带来一场革命，有些至今仍在使用中。1938年12月31日，波音公司在B-17轰炸机的基础上研制成功波音307“同温层客机”，成为世界上第一种带增压座舱的航线飞机，使旅客能打破惯例，在飞行时不受气候环境的影响，大大提高了空中旅行的舒适度。就这样，美国民航业顺利完成了从运送邮件到客货运输的嬗变。

（2）活塞时代

自飞机问世以来的100多年里，飞机动力大致划分为两个时期：第一个是20世纪上半叶主宰蓝天的航空活塞式发动机；第二个则是20世纪下半叶称雄的喷气发动机。

在活塞式发动机时代，客运飞机也不例外，全部是活塞式发动机。

一战刚结束时，大量过剩的轰炸机被改装成客机，例如，8座的“维米”商用飞机，在敞开的驾驶舱后面有封闭的客舱和柳条编的座椅。1919年6月，德国人容克斯研制的F-13全金属运输机首次试飞，该机是世界上第一种采用轻金属内部骨架的民用飞机，也可以说是当时最先进的旅客机。1925年，荷兰人安东尼·福克推出的F.7a/3m开创了三发飞机设计的新潮流。在福克飞机的影响下，美国在1926年推出一种全金属的三发“福特”14座客机。容克斯公司在1930年又推出了一种后来无所不在的Ju52。这种飞机采用首先在F13上使用的波纹形金属蒙皮，成为很多国家用于民航的首选机种。1931年，英国帝国航空公司启用了24座的汉德利·佩季公司的HP-42，它是民航飞机中最后的双翼机设计。

进入30年代后，世界航空发展的优势逐步落到美国人手中，并把这种优势地位一直保持到今天。1931年，波音公司B-247问世，由于它外形新颖，采用了许多新技术，是业界公认的第一种现代民航机。到1933年夏天，B-247创造了从美国东海岸到西海岸只需19小时45分钟的时间纪录。另一家美国知名飞机制造商道格拉斯公司1933年推出DC-1，1934年推出加长型的14座DC-2，与波音公司的B-247抗衡，随后又开发了机身加宽、带卧铺的DC-3，从此拉开了波音和道格拉斯（后来的麦道公司）两家公司长达数十年的争斗。为了重新夺回失去的优势，波音公司的307“同温层客机”于1938年首飞。这是一种从B-17“飞行堡垒”轰炸机发展而来的设计，成为世界上第一种带增压座舱的航线飞机，使旅客能打破惯例，在飞行时不受气候环境的影响。

由于受到技术的限制，早期航空运输业务只限于欧、美大陆范围。分割几个大洲的海洋，成为进一步发展航运业的难以逾越的障碍。面对大海的阻隔，人类没有停步不前。到30年代末，用飞机提供定期跨洋航班飞行服务的条件逐渐成熟。水上飞机在一段时间里大行其道。

水上飞机最大的优点是使用时不需专门的场地。为了多载客、飞得远，飞机的尺寸不怕大，因为在浩瀚的水面总会找到供飞机降落的地方，而不需浪费大片的土地。在当时著名的水上飞机中，英国帝国航空公司有“子母飞机”，德国有道尼尔公司DoX，美国则有几种不同型号的“飞剪”号（Clipper）。

英国帝国航空公司与肖特飞机公司合作，共同开发“子母飞机”计划，即在大型船身式水机背上驮一架小型装浮筒的水机，当大飞机飞行到安全高度和速度后，利用弹射发射装置，使两架飞机分离，运载机返回，小飞机继续远程飞行。

英国的“子母式水上飞机”，可以增大航程

DoX水上飞机被认为是德国航空元老克劳德·道尼尔划时代的作品，是当时世界上最大的飞机，1929年10月第42次试飞中，共装载169人，起飞重量达44.768吨，在空中停留53分钟。1930年11月，道尼尔公司安排了一次DoX广告巡回飞行，从德国博登湖出发，于1931年8月抵达纽约，受到以胡佛总统为首的美国人的热烈欢迎。

一前一后装有12台发动机的DoX水上飞机

“飞剪”号是美国当时唯一经营国际航线的泛美航空公司用于远程飞行的三种飞机——西科斯基公司的38座S–40、马丁公司M–130和波音公司波音314——的总称。在三架M–130中，有一架命名为“中国飞剪”号（China Clipper），1935年11月22日，泛美公司第一次用它开辟了美国—菲律宾邮运航线，飞机从旧金山起飞经过近6天时间（实际飞行时间59小时48分），先后在火奴鲁鲁、中途岛、威克岛和关岛降落4次，11月29日，抵达目的地马尼拉，成为美国跨太平洋航运的开路先锋。

使用陆基飞机第一次完成跨大西洋商业航班飞行的是德国装4台发动机的

M-130“中国飞剪”号

Fw200“秃鹰”,1938年8月11日从柏林出发，25个小时飞行了5965千米，在美国纽约弗洛伊德·贝内特机场着陆。

随着二战结束，得益于二战带来的航空技术大发展，制造商能够生产出可供洲际飞行的远程飞机，这给民用航空运输带来新的机会。1944年美国国内空运人数400万人次，1945年达到650万人次，1946年更达到1200万人次，占1946年全球空运旅客人数1800万人次的2/3。“美国出口”航空公司是第一家提供定期跨洋商业飞行服务的公司，1945年10月使用DC-4飞机，从纽约飞到英国伯恩茅斯，中间经停纽芬兰甘德和爱尔兰香农，单程飞行需14小时。随后，泛美也开辟了这条跨洋航线，先使用DC-4，后来使用洛克希德公司新的“星座”和“超星座”，后两种飞机都是有增压座舱的，可以在6100米高空飞行，使乘客的舒适度大大提高。1947年8月，泛美又第一次开辟了纽约—伦敦之间的不着陆直达定期航班。

与海上交通相比，跨大西洋空中交通显示出巨大的优势：当时乘船旅行一般需要5天，而乘飞机只需10多个小时。据称，到1947年，美、欧各航空公司每周有27班向西飞行的跨洋航班。当然，这时的跨洋飞行还只是少数有钱人的特权，舱内服务亦很豪华，一般平民百姓是消费不起的。

在活塞飞机时代，道格拉斯公司的DC-4、DC-6、DC-7，以及洛克希德公司的“星座”系列是空运市场的主力,特别是“星座”系列，从在1946年2月3日投入商业运营的L-049“星座”开始，到随后的L-649、L-749、L-1049和L-1069“超星座”被视为活塞式运输机的绝唱，共生产了856架（其中331架为军用型）。相比之下，同一时期波音377“同温层巡航者”仅生产了56架，市场份额有限。

（3）进入喷气时代

使用活塞式客运飞机，不仅速度慢，而且由于飞行高度低，飞机受气流影响大，遇到天气不好时，大多数乘客会呕吐不止，十分难受。大战时期遍布世界各地的大型机场为战后民航业的迅速发展创造了条件，特别是喷气发动机的出现和应用，为民航客机喷气化奠定了基础。喷气式民航飞机投入使用是民航技术的一次重大飞跃，不仅使民航飞机的速度提高了一倍，而且使飞行高度提高到11千米左右的平流层，增加了飞行的安全性和舒适性。

第一个投入使用的采用燃气涡轮发动机的民航机是英国的“子爵”号，装4台涡轮螺旋桨发动机，1950年7月29日在伦敦—巴黎航线上开始航班飞行。

第一种纯喷气发动机的民航机是英国的四发“彗星”，于1949年开始设计，1952年5月开始在伦敦—南非航线上使用。“彗星”的巡航速度为每小时788千米，但航程较短，中途需要5次着陆加油，整个航程几乎用了24小时，但毕竟从此揭开了喷气时代的序幕。遗憾的是，“彗星”飞机连续失事使全球为之震惊。面对空难引发的沸沸扬扬的舆论，英国政府下令彻底清查事故原因。经过几年的努力，终于查清事故是由于飞机结构材料疲劳断裂问题引发的。从此，力学领域增加了一门新学科——疲劳力学，飞机设计也增加了防止疲劳断裂的新标准。

1954年7月，波音公司的喷气运输机原型机“先锋”80上天。它是波音707的原型机，采用了大后掠机翼，在短舱里装4台普惠公司的JT 3双转子涡轮喷气发动机。

波音707的原型机“先锋”80出厂

战后，苏联航空工业得到了发展。1955年，苏联民航采用了世界上第二种喷气航线飞机——从图-16轰炸机发展而来的图-104。

道格拉斯公司在波音之后也开始设计喷气飞机。1958年4月，四发的DC-8首飞，一年后开始交付。喷气航线飞机的发展有赖于发动机设计的进步。“康维”是英国罗罗公司开发的第一种生产型“风扇喷气”或称涡轮风扇发动机。它于 1960 年开始在波音 707 和 DC-8 上投入使用。涡轮风扇带来的高效率使机体制造商得以加大飞机的航程。普惠公司的 JT3D 是第一批涡扇发动机中最成功的，它成就了总产量达到 1010 架的波音 707，使它成为航空发展史上的一个里程碑，也为后来整个波音客机机队奠定了基础。

（4）竞争加剧，形成垄断

航空市场的需求是多种多样的，视客源的多少，不同距离的航线需要不同大小的飞机，飞机制造商围绕用户的需求展开激烈的竞争。

1967 年，波音公司推出短程双发喷气飞机波音 737，成为目前世界上 150 座级客机中最大的机群。到 20 世纪 60 年代中，由于喷气客机迅速普及，空中旅行票价大幅下降，旅行人数激增。不少航空公司希望要更大的飞机，而当时大推力发动机的出现也给研制大型飞机提供了条件。

1970 年 1 月 21 日，泛美首先使用波音 747 开航纽约—伦敦，整个民航产业迎来了一个新时代。350 座的波音 747，乘客数几乎比波音 707 多一倍，而票价基本相当，结果带来了空中旅行的井喷式发展。

波音 747 在 40 多年使用过程中，不断改进。波音 747-400，与早期的波音 747-100 型相比，已有很大不同。400 型有“玻璃驾驶舱”、翼梢小翼、上层座舱加长，按典型的三级布局能带 400 名旅客飞行 12870 千米。波音 747 最初预计最多能售出 400 架。但出乎人们的预料，截至 2019 年 5 月，各型波音 747 总订货量 1572 架，已经交付了 1551 架，如果没有新订单，再生产 21 架，辉煌了几十年的 747 生产线就关门大吉了。有了波音 747，波音公司垄断了大型客机市场 30 多年。总共投资 10 亿美元研制出来的波音 747，加速改变了全世界人民的生活模式，它是美国最成功的出口商品，是各航空公司的“飞行造币厂”，也是波音历史上最值得自豪的产品。

中国国际航空公司的波音 747

70 年代，民航运输还实现了另一项突破：法、英两国联合研制的“协和”号超声速客机登上舞台。“协和”号 1969 年 3 月试飞，1976 年投入使用，把从美国纽约飞越大西洋抵达欧洲大陆的飞行时间又缩短了一半，从 7 小时缩短到 3.5 小时。但它生不逢时，当年的石油危机加上超声速飞行给环境带来的不良影响，使这种飞机没有获得足够的市场，只向英、法两家航空公司各交付了7架，加上试验使用的原型机总共生产了区区20架之后就停产了。

英、法联合研制的“协和”超声速客机，一共只生产了20架，技术辉煌，经济巨亏

从20世纪30年代到70年代初，美国航空工业一直主宰着世界飞机市场，其间欧洲虽然也推出过几种不错的飞机，但彼此之间总是处于相互竞争、自相残杀的困境。直到60年代中后期，欧洲几个主要国家才意识到，如果要生存，就必须停止各自生产满足同一市场需求的相同机型。

为满足70年代市场对大容量中、短程客机的需求，法、德、英三国政府商定合作发展一种新型中短程宽机身客机，取名“空中客车”（Airbus），因为载客300人，所以代号A300。1970年12月，空中客车工业集团正式成立。它的第一个产品A300B于1972年10月首飞。起初，销售情况不好，面临破产的威胁，直到70年代末，A300才打开市场。接着，它的第二个产品A310也问世了，到这时波音公司才不得不认真看待欧洲人的挑战，并加紧研制自己的波音767双发宽体和波音757双发单通道飞机。

空中客车公司的试飞机组

到20世纪80年代中期，出现了对一种新型150座飞机的迫切需求，以替换60年代交付的几千架短程喷气飞机。经过反复权衡，空客公司推出第一种窄体设计A320，1988年投入使用。A320是世界上最先采用数字式电传飞行操纵和先进的“玻璃驾驶舱”的飞机，进一步确定了空客公司作为世界上第二大民用飞机制造商的地位。

1984年，洛克希德公司在交付了250架L-1011“三星”中的最后一架后，便停止了民用飞机的生产。这样，美国就只有波音和麦道两家航线飞机制造商了。

取得初步成功的空客公司继续努力扩大产品范围，推出两种大运力的空客飞机：

欧洲空中客车公司的 A380 巨型客机打破了波音 747 的垄断，但是远没有达到生产预期

远程四发的 A340 和双发中程、大运力的 A330，并于 1993 年投入使用。面对空客公司 A330/340 的威胁，波音公司的回答是推出它的第一种电传飞行操纵的双发波音 777，该机于 1995 年 6 月首先在联合航空公司投入使用。

麦道公司在 1970 年推出 DC-10 之后，它的产品开发只有改型，再也没有全新设计了。1986 年，它推出 DC-10 的高级改型 MD-11，1990 年末投入使用；而换发动机的 MD-80，即 MD-90 则于 1995 年投入使用。1997 年，麦道公司终于为此付出了代价：由于产品缺乏竞争力并且债台高筑而被波音公司兼并，最终结束了长达 80 年的以 B 为品牌的波音飞机和以 DC、MD 为品牌的道格拉斯、麦道公司飞机的竞争，波音公司成为美国唯一的大型民机制造商。

空客公司为了取得和波音公司并驾齐驱的地位，也不遗余力地扩大自己的产品范围。早在 20 世纪 90 年代拥有 107~380 座的完整飞机系列之后，空客就考虑进军超大型飞机市场，立志用全新技术开发出一种能打破波音 747 在 400 座以上飞机市场的垄断地位的飞机。经过几年的研制，终于推出世界上最大的客机 A380，在 2007 年 10 月 25 日进行了第一次商业飞行。A380 的问世结束了波音 747 在市场上 30 多年的垄断地位。

目前，由波音、空客两家公司垄断全球民航市场的局面尚未打破，它们之间的竞争还在继续，围绕不同市场需求，又推出波音 787、A 350 XWB、波音 737MAX 和 A 320neo 等新型号，力争在降低燃油油耗、减少污染排放方面有长足的进步。

3. 当代航空运输

据统计，截至 2016 年 12 月 31 日，全球从事商业客运的在役飞机共有 30681 架，较 2015 年年底增长 4%。全球飞机订单储备量约 15496 架，同比增长 15%。飞机订单积压已接近航空制造业9.3年的产量。客运飞机按大小可以分为干线、支线和轻型三类。

中国商飞C919

（1）干线客机

干线客机一般指客座数大于100、满载航程大于3000千米以上的大型客机。按航程划分，现在常把满客航程大于6000～7000千米的称为中/远程干线客机，航行于国际航线上的多是这类飞机；把满客航程在5000千米以下的称为中/近程干线客机，航行于国内各大城市之间的多是这类飞机。

干线客机又有宽体和窄体两种：

宽体客机是客机中最大的，客舱里从前到后有两个通道，主要用于远程飞行和热门航线。常用机型包括波音747、波音767、波音777、波音787，空客A300/310、A330、A340、A350、A380，洛克希德L-1011“三星”，麦道DC-10、MD-11，苏联/俄罗斯伊尔-86/-96。

小一些的干线客机称为“窄机身”或“单通道”客机，一般用于中等距离或客流较少的航线。目前生产中的飞机有波音737、空客A320系列、庞巴迪公司C系列、俄罗斯图-204/-214。不久还将增加中国商飞的C919和俄罗斯的MC-21。

自20世纪50年代初喷气客机问世以来，按流行说法干线客机已经发展了五代。与战斗机的划代标准不同，干线客机的分代基本上与飞行速度无关，而是与发动机性能、载重与航程、经济性及年代有关。

第一代是50年代投入使用的，机型有英国“彗星”、法国“快帆”、美国波音707、DC-8和苏联图-104等。它们的主要特征是装涡轮喷气发动机，采用大展弦比后掠翼、层流平顶翼型，机翼前后缘往往带有大面积襟翼。与活塞式客机相比大大提高了巡航速度和客运量，使民航运营效率大为提高。波音707和DC-8采用了后来成为大型客机标准模式的翼吊发动机短舱形式，被看作是第一代喷气客机的代表。

第二代喷气客机是60年代投入使用的，代表机型包括美国波音727、波音737和道格拉斯DC-9(MD-80系列)，英国“三叉戟”，苏联图-154等。主要技术特点是采用新的翼型和低涵道比涡轮风扇发动机，降低了耗油率，提高了经济性。在气动设计上基本确立了悬臂式下单翼布局，注重低阻力亚声速翼型的研究和使用，为减轻飞机重量开始使用复合材料。

第三代喷气式客机于70年代投入使用，代表机型包括美国的波音747、道格拉斯DC-10、洛克希德公司L-1011，欧洲的A300和苏联的伊尔-86等。它们都是为满足全球客运量飞速增长的需求而研制的宽体客机，机身直径可达5.5～6.6米，是以前所谓“窄体”客机的1.5倍；起飞重量最大可达300吨以上，载客量远程可达400人以上，近程则超过600人。它们在技术上也有较大改善：动力装置开始采用推力更大、耗油率更低的高涵道比涡扇发动机，噪声和振动水平大大下降，乘客的舒适性和航空公司的收益因此大大改善。

波音747出厂，26家用户的空中小姐在飞机前集结

第四代喷气客机是在70年代初“石油危机”背景下推出的一批强调进一步改善经济性的机型，包括波音757、波音767、欧洲A310、A320和苏联的伊尔-96、图-204等。它们采用了更先进的高涵道比涡扇发动机，耗油率又有降低。随着发动机性能的提高，普遍采用双发而不需要像过去的几代采用四发或三发。在气动设计上，最大的特点是采用了一种上表面比较平坦，下表面鼓起，后缘部分有下弯的“超临界”翼型，其巡航速度有所提高。另外，安装翼梢小翼也成了新型第四代客机的特点。同时，随着技术的进步，采用了先进的电子系统，包括电传操纵系统，改善了驾驶特性。

波音777-200ER的驾驶舱，各种信息都显示在6块大屏幕上

第五代喷气式客机于20世纪末投入使用，代表型号有美国波音777，欧洲A330、A340和俄罗斯的图-96等。它们的目标是增加载客量、提高适应性，继续探索降低油耗、提高经济性。采用的技术措施有安装耗油率更低、污染排放更少、噪声更低、涵道比更高、推力更大、维护性更好的涡扇发动机；加大复合材料的用量；进一步加大

展弦比或加装翼梢小翼提高气动效率；采用超临界翼型或高效亚声速翼型；采用先进液晶平板显示器，所有主要的飞行、导航及发动机信息数据都显示在6块大型屏幕上，大大减轻了飞行员的工作负担。

进入21世纪以来，新研制的波音787、空客A380、A350和换发动机的A330neo等都被看作是第五代机的延续。

A350出厂

与战斗机的更新换代不同，新一代喷气客机是弥补前一代的不足，而不是完全取代它。目前除了第一代之外，第二、第三、第四和第五代机同时都在使用，只要市场有需要，各自都能在远近不同、繁忙程度不一的客、货航线上持续发挥作用。

（2）支线客机

支线客机通常指载客量小于100人的飞机，可能采用涡轮风扇或涡轮螺旋桨提供动力。它们通常由一些小型航空公司经营，

ARJ 21支线客机

小公司又与大型干线航空公司联营，为大公司从小城市向航空枢纽提供客源（或反向疏散）。典型的支线客机有加拿大庞巴迪公司的CRJ、巴西安博威公司ERJ、中国商飞ARJ和俄罗斯SSJ-100等喷气支线客机，还有庞巴迪Q系列（冲-8）、法国和意大利合资的ATR42/72、瑞典Saab340/2000、中国“新舟”60等涡轮螺桨式支线客机。

（3）轻型客机

轻型客机，又称通勤飞机、“空中的士”，一般指不超过19座的小飞机。在有些国家和地区，它们不符合客机的资格，也可能不受适用于大型飞机的条例的约束。这类飞机通常没有厕所、厨房等设施，也没有专门提供服务的空勤人员。典型飞机有比奇1900、“美多”“喷流”31、EMB110“先锋”等。许多国家规定飞机作为客机至少需要装两台发动机，但是，塞斯纳公司的“大篷车”

比奇飞机公司的 19 座 1900 轻型飞机

和皮拉图斯公司的 PC-12 单发涡轮螺旋桨飞机也有用作轻型客机的。

（4）干线客机的主要机型

根据统计，2017 年在役干线客机数量最多的 10 种飞机是 A320 系列（6838 架）、波音 737“新一代”（5968 架）、波音 777（1387 架）、A330（1214 架）、波音 737“经典”（890 架）、波音 767（744 架）、波音 757（689 架）、波音 717（含 MD80/90、DC-9，607 架）、波音 787（554 架）和波音 747（489 架）。

下面对使用最多的三种干线客机简单介绍一下。

——A320 是欧洲空中客车工业公司研制生产的双发中短程 150 座级客机。空客公司在研制 A300/310 宽体客机获得市场肯定、打破美国垄断客机市场的局面后，决定继续研制与波音 737 系列和麦道 MD80 系列竞争的机型，以达到和美国在民机市场平分秋色的目标。

A320 于 1984 年 3 月启动，1987 年 2 月 22 日原型机首次试飞，是世界上第一种装有电传操纵系统和先进的数字式航空电子设备的民航客机；也是世界上第一种不在绘图板上，而是在计算机的荧光屏上确定外形的客机。它的全部飞行过程都是通过电传操纵系统进行控制的。在驾驶舱内取消了传统的驾驶盘，驾驶员像战斗机飞行员一样，通过侧杆来操纵飞机，仅此一项变革就使飞机操纵系统减少了 55 千克的重量。驾驶舱内有 6 个 18.4 厘米 ×18.4 厘米的彩色阴极射线管显示器，显示全部飞行数据。

目前，A320 已经形成一个完整的系列，

A320 客机

包括A318（107座）、A319（124座）、A320（150座）、A321（185~220座）和ACJ（喷气公务机）5种型别，也称作A320ceo（第一代），航程3100~12000千米，形成一个覆盖108～220座市场的完整体系，不仅成为常规航空公司和乘客的首选，也是飞速增长的低成本运营市场的明智选择。原来总装厂设在法国图卢兹和德国汉堡，2009年在天津设厂，2016年又增加了在美国的莫比尔工厂。截至2018年3月31日，A320系列飞机总订货数达到8126架，共交付7795架，其中7722架正在服役，积存订货331架。截至2017年12月，美国航空公司以运营392架A320系列飞机而成为该机的最大运营商。

2010年12月，空客宣布了换装新发动机的A320——A320neo。A320neo除采用新发动机外，加上机身的改进和增加鲨鳍小翼，将为客户节省燃料消耗达15%。截至2018年3月底，70多家航空公司订购了6031架A320neo，使它成为有史以来销售最快的商用飞机。第一架A320neo于2016年1月20日交付汉莎航空公司，到2018年3月已经交付279架。

——全球销量第一的波音737

1965年2月，为了扩大产品范围，波音董事会批准研制短程喷气客机波音737。1967年4月9日，原型机首次试飞，仅半年就拿到了适航证，1968年2月投入营运，月产量很快增加到14架，订货量节节上升。1987年6月12日，波音737订购数量超过波音727创下的1832架的纪录，后来不断达到新的高度。波音737旺销的原因，首先是随着世界经济的发展，市场上需要这个档次的飞机；其次，波音公司在设计上不断改进，使之更适合用户的需要，能给用户带来更多的利润。

研制全新机型耗资巨大，为发挥每一种机型的潜力，各制造商都采取不断用新技术改进老飞机的办法，让老机型焕发青春，在这方面波音737很典型。波音737自1968年投入使用，至今已有半个世纪了。半个世纪里，波音737经历了四代：最初的基本型（波音737-100和-200）、80年代的经典型（波

1967年首次试飞的波音737

音 737-300、-400 和 -500，最大的变化是采用新一代的 CFM56 涡扇发动机，代替老式的 JT8D，油耗降低 25%）、90 年代的“新一代”（NG，包括波音 737-600、-700、-800 和 -900，采用了最新的电传飞行控制系统、侧杆操纵、翼尖小翼等重大改进，新设计的机翼，使用更低油耗的发动机和加长的机体，进一步改善经济性、舒适性、操控性和维修性）和眼下炙手可热的波音 737 MAX（换装性能更好的发动机）。

2018 年 3 月 14 日，波音 737 达到一个新的“里程碑”：一架 737 MAX 8 成为第 10000 架走下生产线的波音 737，获得《吉尼斯世界纪录》颁发的“生产数量最多的民用喷气客机证书”。2006 年，该公司为第 5000 架波音 737 下线获颁同样的证书，期间经历了几乎 40 年时间，而生产第二个 5000 架波音 737 飞机只用了 12 年。

2011 年，波音 737 进入 MAX 时代，搭载了全新发动机的波音 737 MAX 7/8/9/10 先后诞生，但这也使波音 737 在机身上原有的设计潜力或许达到了极限。2018 年 10 月 29 日，印尼狮航的 737MAX8 发生事故，造成 189 人遇难。2019 年 3 月 10 日，埃塞俄比亚航空公司同一型号飞机发生事故，造成 157 人遇难。半年之内该型飞机发生两起空难。调查结果显示，该机存在设计缺陷，至今没有恢复飞行。

第 10000 架波音 737 出厂

截至 2019 年 6 月底，波音 737 总订购量达 15158 架，已经交付 10557 架，还有 4601 架尚未交付的积存订货。

下面是波音 737 几个值得关注的数字：

· 世界各地每 1.5 秒就有一架波音 737 客机起降；

· 任何时候平均有 2800 架波音 737 翱翔在空中；

· 世界上有 220 亿人次坐过波音 737；

· 波音 737 飞行距离超过 1952 亿千米，相当于绕地球飞行 500 万次。

——波音 777

1986 年冬天，波音公司考虑发展一种填补波音 767-300 和波音 747-400 之间的空白的飞机，当时公司面临两种选择，一种是在是波音 767 上改型，加长机身或像波音 747 一样增加上层舱；另一种是研制全新的飞机。面对麦道公司、英国飞机公司和空客公司的激烈竞争，波音公司别无选择，只有以更完善的组织模式和更加创新的技术研制出满足用户需求的飞机，这就是研制波音777的初衷。

在管理模式上，波音公司第一次大规模实行和用户“携手合作”的办法。在听取意见的基础上，波音公司坚定了研制一种全新飞机的决心，因为只有新飞机才能更好地满足用户的要求。

波音777出厂

在技术创新方面，波音777比以前各型波音飞机向前迈出了一大步。第一次全部使用计算机辅助设计和制造系统，并采用电子化预装配整架飞机技术，提高了精度，改进了质量；机翼设计采用效率最高的空气动力学翼型，提高巡航速度，允许飞机从高海拔、高温地区机场满载起飞；翼尖可以折叠；能选用三家发动机公司研制的大推力、低噪声的涡轮风扇发动机；飞机结构上广泛使用新型轻质材料，复合材料占结构重量的比例达到9%，是过去各型飞机的3倍。

1994年6月12日，第一架波音777首次试飞，1995年4月19日，波音777成为第一个同时获得美国联邦航空局和欧洲联合适航局颁发的型号设计证书和生产许可证的飞机。同年5月3日，它又成为航空史上第一种在投入使用初始就获准做“双发延程飞行”(ETOPS)的飞机。

1995年6月7日，波音777在美联航投入客运，成为世界上最大的双发喷气客机。值得一提的是，1932年，美联航以400万美元订货60架波音247，63年后它成为777的第一个用户。当年能买60架波音247的400万美元，如今连波音777上装的一套飞行控制系统都买不下来。

投入使用以来，波音777不断改进，以满足用户的需求。目前的型号包括最初的波音777-200、波音777-200ER（增程型）、机身加长10.1米的波音777-300、波音777-300ER（增程型）、波音777-200LR（远程型）、波音777 F货机型和最新的波音777X改进型。从1994年中首次试飞算起，25年过去了，如今波音777依然是十分畅销的宽体客机，截至2019年5月，各型波音777总订货量达2033架，已经交付1598架。

（5）航空货运

物流运输有多种方式，包括公路、铁路、水运（内河、沿海、近海、远洋）、航空、管道运输等。航空运输是使用飞机或其他航空器进行运输的一种形式，优点是速度快，不受地形的限制，在火车、汽车都达不到的地区也可依靠航空运输。但是航空运输的单位成本高，因此主要适合运载价值高、运费承担能力很强的货物和紧急需要的物资。

用于货运的飞机，除了制造商提供的专用货机机型外，还有很多是客机服役一定年限后加以改装而成的货机。当航空公司觉得一架飞机作为客机运营带来的收益和其使用成本已经不如买新飞机取代合算时，就会让它退役。退役后的老飞机，一般为了充分利用其剩余价值，要么就客改货，要么拆解后回收可用零部件和航材。

在经历一段时间的经济衰退之后，2017年全球经济出现明显的复苏迹象，据国际航空运输协会（IATA）称，部分得益于全球贸易和经济活动的增加。2017年对于航空货运需求来说是非常特殊的一年，整个行业货运吨千米（FTK）同比增长9%，是自2010年以来增长最强劲的一年。2017年全球全货运飞机达2733架，比2016年2650架增加3.1%。全货运飞机多达59种，其中使用数量达到100架以上的有9种：波音757（286架）、波音747（278架）、波音767（257架）、波音737（237架）、A300（189架）、梅林IV/美多（142架）、波音777（138架）、MD11（118架）、安-26（103架）。

货机

目前，国内航空货运发展迅猛，货机采购频繁，但与货运最发达的美国相比，规模还有不小的差距。例如，美国快递巨头联邦快递公司的机队规模达600多架，且大小机型配套。我国现有物流公司的航空业务，到2017年有三家自有航空的快递公司。EMS作为国家队，有33架全货机（22架波音737、11架波音757），总运能638吨。顺丰拥有40架自有货机（5架波音767、18架波音757、17架波音737），总运能1029吨。圆通现有6架波音737全货机，总运能84吨。目前国内支线货运航空的发展尚处于起步阶段，支线飞机配备较少，只有铺设好完整的运行在主干线之外的支线航空网络，才能极大地拓展快递业务覆盖的范围。

根据波音的预测，未来20年中国将需要180架原产新货机和440架改装飞机。世界航空货运量未来20年间年均增长4.7%，中国国内市场每年将增长6.7%，由此可见未来国内货机市场有着巨大的潜力。

二、无所不在的通用航空

人民美好生活离不开通用航空，诸如医疗救护、公路巡查、油气服务、港口引航、飞行培训、空中游览、建筑吊装、人工降水、航空探矿、航空摄影、海洋监测、渔业飞行、城市消防、空中巡查、电力作业、航空运动、航空护林、航空喷洒（撒）、空中拍照、空中广告、科学实验、气象探测……都是通用航空的用武之地。

1. 通用航空的现状

根据《中华人民共和国民用航空法》第145条，通用航空是指使用民用航空器从事公共航空运输以外的民用航空活动，包括从事工业、农业、林业、渔业和建筑业的作业飞行，以及医疗卫生、抢险救灾、气象探测、海洋监测、科学实验、教育培训和文化体育等方面的飞行活动。

根据美国通用航空制造商协会（GAMA）的统计，2017年全球通用航空有几个宏观数据：

· 今天在世界各地飞行的通用航空飞机有446000多架，从两座教练机和通用直升机到拥有洲际航程的商务喷气式飞机，其中美国211000多架，欧洲有136000多架。

· 通用航空产业为美国提供2190亿美元的经济产出和110万个就业机会。

· 在美国，通用航空飞机每年的飞行时间超过2480万小时，其中2/3是用于商业目的。

· 在美国，通用航空飞机可以从5000多个公共机场起降，而有定期航班服务的机场不足400个。在欧洲，通用航空机队可进出 4200 多个机场。

·通用航空飞机是大多数商业航空公司飞行员得以养成的摇篮。

与之相比，我国通用航空还处于起步不久的阶段。过去，为生产服务是我国通用航空的传统项目，包括农林航空、石油开采、航空测绘、航空勘探等。在国外占通用航空飞行时间 2/3 的公务航空，我国刚刚起步。其他通用航空应用较多的领域，如警务航空、紧急救援、道路监管、线路巡查、空中放牧、新闻采集和制作、航空考古、空中消防、休闲娱乐、体育运动、旅游观光和城市管理，在我国也都还刚刚兴起，有待开发。

2. 与百姓生活关系密切的通用航空飞行项目

（1）警务航空

直升机的用途越来越广泛，在它重要的 30 多种用途中，与公安部门有关的主要是警务、保安、消防、缉毒、抢险救灾、搜索和救援（SAR）等。

大多人口聚居、社会经济活动频繁的地方，总会有各种犯罪分子出没。聚居点越大，管理就愈加困难。20 世纪 50 年代以来，从发达国家开始，陆续使用直升机从空中对付各种刑事犯罪活动，成为加强执法力量的“空中警察”。直升机飞行高度是 180 米，驾驶员和观察员如发现情况可立即向最近的地面巡逻车报告。

北京警务直升机在城市上空巡逻

美国是警务航空最发达的国家。美国纽约警察局 1929 年成立第一支警务航空队，1948 年第一次采用直升机执行警务工作。近年来，随着警察部队使用航空器，加强了执法的有效性，并能满足特种任务的需要，使警务航空得到更快的发展。1992 年洛杉矶暴动、佛罗里达州暴风雨，以及 1993 年纽约世界贸易中心大火事件中，直升机的成功使用更引起广泛关注。2001 年“9·11”世贸中心恐怖袭击之后美国的城市警务部门均兴起强化直升机队热潮，从东岸的费城至

巡查公路交通的直升机

到西岸的圣地亚哥，在国防部经费赞助下，包括纽约在内的各城市警局均购置配备最尖端科技器材的直升机执行各种任务。

目前，“空中警察”在各国的发展过程中，呈现出以下特点：任务范围逐步扩大，从单纯空中巡逻发展到侦察、追踪疑犯、指挥和控制、反恐怖、反走私、缉毒、疏导交通和搜索/救援等；数量日益增多；飞行装备不断更新；警务设备科技含量不断提高；警务航空的效果为社会所公认。

（2）紧急医疗救护

德国拥有世界上最密集、最完善的空中救援网络，最高的救援标准。在德国35.65万平方千米的土地上分布着91个空中救援中心，分属5个机构所有。其中最大的是1903年5月成立的全德汽车俱乐部（ADAC）下属的ADAC航空救援队。该队于1970年11月用第一架直升机正式开展救援业务。随着救援的成功，逐步扩大服务范围，在全国各地布点，组织网络。ADAC航空队目前有55架救援直升机分布在全德37个基地，所有直升机通体涂成黄色，被称为“黄色天使”。

自1970年开始运作以来，直升机出动数量逐年增加，据统计到2016年已经达到90万架次，按照这个速度，突破100万架次指日可待。2017年，ADAC航空队共出动54491架次，有49000名患者获得救助，飞行距离360万千米，相当于绕地球90圈。所有急救飞行中，因心脏、脑部受伤占到61%、运动休闲12%、交通事故10%、儿童伤害5%、劳动作业5%、其他原因7%。

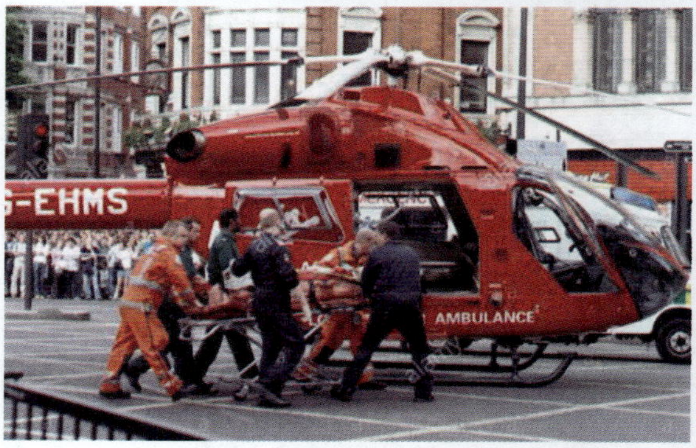

ADAC航空队的直升机（上）
伦敦街头的空中紧急救护直升机（下）

参与ADAC航空队工作的有200名空勤人员（包括飞行员、副驾驶和机务工程师），直升机医生630人，护士250人。每天从早晨6点（冬天为太阳升起时）到日落后30分钟为止，机组人员要求在得到通知3分钟内便起飞。每个站负责半径50~70千米的范围，所以反应迅速，通常到达患者的地方不超过 15 分钟，有时甚至只需要 5 ~ 6 分钟而已。

在德国，空中救援已经通过立法程序，成为关怀公众生命健康的一个组成部分，成为一项公益事业。病人使用救援直升机每分钟约需 50 欧元，但救援中心并不直接向病人收费。费用由医院或社会保险机构来支付。

（3）保护野生动物

人类和成千上万种动物共同生活在地球家园。但由于人类的大量捕杀和自然条件的恶化，不少物种正处于灭绝的边缘。近年来，直升机在野生动物管理和保护方面也派上了用场。

南美洲北端马罗尼河入海处，是世界上最大的棱皮龟产卵区。棱皮龟每只重达 350 千克以上。1982 年，圭亚那通过一项保护海龟及其栖息地的法令，使棱皮龟全年在它的各个生长阶段都受到很好的保护。通过调查，人们发现每年都有数量可观的雌海龟在产卵后来不及返回大海而葬身在海滩的胶泥之中。现在，直升机成了它们的救星。每当发现处于危难之中的海龟时，野生动物保护专家可以呼叫直升机，把网袋从挣扎着的海龟肚子下穿过去，再将网袋挂上直升机，轻轻地将海龟从泥中拔出来，十分小心地吊起，将其放回 200 米以外的海水中，使海龟免于在胶泥中窒息。

在美国盐湖城有一家直升机野生动物管理公司，主要任务就是利用直升机为客户安全地捕获以驼鹿为代表的蹄类野生动物，标上标识之后再放回大自然，或帮助这些野生

为油气平台服务的直升机

用于空中消防的 CL-415

动物搬家。

公司创办以来业务繁忙，从抓获犹他州的山羊到捕捉亚利桑那州的小野驴，四处转战。迄今为止，几乎捕捉过北美洲所有有蹄类动物，如驼鹿、麋、骡、山羊、白尾鹿、羚羊、驴和马等。

在欧洲大陆，棕熊、猞猁和狼已成为濒危物种，所以瑞典负责保护野生动物和植物的环境部着手对这些动物进行密切监视。EC120B“蜂鸟”直升机在斯堪的纳维亚保护野生动物的工作中，起到了特殊作用。

瑞典有一家直升机服务公司，用两架EC120B专门为政府做野生动物保护工作。直升机起落架前面装有接收天线。每个机组有一名驾驶员、一名操作员（负责接收熊身上发出的信号），还有一名标记员。机组一旦发现熊，就立刻接近它，直至3~5米（因为EC120B噪声较小，不会将它吓跑），标记员就发射皮下麻醉镖。在麻醉镖击中熊后15分钟左右，人们就为熊做体检，查血样、看牙口、检查皮毛和健康状况，进而建立一个棕熊的数据库，随时可掌握它们群体的发展和迁徙情况。在检查完毕后，就在熊的颈项上套一个微型发射机，以便于日后跟踪它们的位置。两小时之后，机组人员给熊注射使它苏醒的药物。至此，对一只熊的体检工作暂告一段落，直升机则继续搜索。

三、航空文明与航空教育

1. 从“飞行马戏团”到特技表演队，都是航空普及活动

特技飞行的历史几乎和飞机问世一样久远。飞机诞生不久，就有人用它进行各种高难的飞行动作。早期最有名的特技飞行家是美国人林肯·贝奇，在1914年5月到12月半年多的时间里，全美国126个城市中，有1700万人争相目睹他驾驶着自己的“小筋斗人”双翼飞机在蓝天上表演的奇迹。他被人们誉为“空中英雄”，成为美国当时极为引人注目的人物。大发明家爱迪生看过他的表演后称赞他的盘旋与上下滚翻飞行是“自从10年前莱特兄弟驾驶着比空气更重的机器实现飞行后对航空事业最伟大的贡献”。

一战期间，由于战争的需要，特技飞行得到进一步发展。1918年停战后，迎来了民间特技飞行表演的黄金时代。当时，剩余的作战飞机以廉价出售，飞行员和机械师也双双过剩，比比皆是，正如有人形容的：“就像蝗虫一样席卷了美国乡下。” 以美国寇蒂斯公司JN-4“珍妮”为例，从1917年4月美国参加一战开始，总共生产了6000余架，一战结束后，战时政府每架花1.7万美元购买的飞机，战后处理新飞机仅要750美元，旧飞机只要50美元，很多飞行员买下一两架JN-4在美国城乡各地走街串巷、巡回表演，对向全社会普及航空发挥了重要作用。用“珍妮”载客飞行每飞10~15分钟收费12.5美元，不久便降到3美元。“珍妮”还带头掀起了令人“毛骨悚然”的空中格斗和“视死如归”的绝技表演，其中最精彩的是走机翼、骑机尾、荡起落架。献技人通过绳梯或相接的机翼，从一架飞机爬上另一架飞机，可是，他们的这种特技生涯是短暂的，日益增长的事故率，使得“飞行马戏团”的人数到1923年时大为下降。渐渐地，那些富有传奇色彩的特技表演者们便无声无息地变成了出租飞机驾驶员了。

美国的做法流传到欧洲，尤其是在英国，剩余的作战飞机也以类似的方式为公众开展表演。在英国，十分热衷于特技飞行的人物首推艾伦·科巴姆，他虽因“飞遍大英帝国”的历史性功勋而荣获爵士称号，但对为公众做飞行表演依然兴致勃勃。自1932年到1936年的每年4—10月，他的航空表演“马戏团”共表演12000多场次，载客近100万人。正是这些精彩的飞行表演，吸引了许多航空爱好者，并反过来推动了航空事业的发展。

英国“红箭”飞行表演队（上）
中国“八一”飞行表演队（下）

今天，当一架飞机掠过头顶，人们可能并不在意。但当一队色彩鲜艳的特技表演飞机呼啸而过，共舞蓝天，彩色的烟带在碧空中勾画出一幅幅美丽的画卷时，你不能不由衷地惊叹于这些精彩绝伦的表演。特技飞行表演有如蓝天芭蕾画出艺术的天空，又像空中迪斯科一般令人惊心动魄，让人沉醉痴迷。

二战之后，世界上有几十个国家的空军成立了正规的特技飞行表演队，如美国海军的“蓝天使”和空军的“雷鸟”，英国的“红箭”，苏联的“俄罗斯勇士”“雨燕”和“蓝天骠骑兵”，法国的“法兰西巡逻兵”，中国也有“八一”飞行表演队。特技飞行表演是一种极为特殊的职业，要求飞行员具有超人一等的技术和素质，具备向死神挑战的无畏勇气。对一个国家来说，组建特技飞行表演队的目的，不但是空中表演，更重要的是展现本国的空中实力，展示国家的对外形象，并促进本国的军用飞机的出口。它们都使用各自国家生产的战斗机或教练机进行各种编队的特种飞行表演，群鹰争雄，共舞蓝天。

2. 航空博物馆和各种展会

世界各国有很多航空博物馆、航空主题公园、各式各样的航空展会。世界航空博物馆网站开列了全球1350家类似机构的网址，数量最多的是美国，每个州都有，少则三五家，最多的加利福尼亚州，达62家。

历史最悠久的航空博物馆当属法国在1919年建立的航空航天博物馆。规模最大的是美国在1976年建国200周年时开张的美国航空航天博物馆（NASM）。

该馆建在华盛顿特区国家广场，有21个陈列区，涵盖广泛的主题。NASM由于建在城市中心，没有进一步扩展的余地，2003年在莱特兄弟1903年发明飞机100周年时又开张了一个新的分馆——斯蒂文·伍德沃尔－哈齐中心，坐落在华盛顿杜勒斯国际机场边上。

哈齐中心主要有三个互相连通的设施：波音航空馆里展出了180多架飞机，包括超

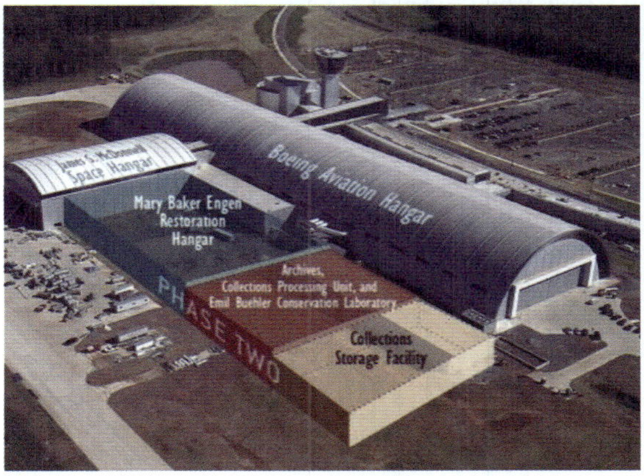

哈齐中心的建筑

NASM主馆一角

声速的 SR-71“黑鸟”侦察机、二战中轰炸过日本广岛的 B-29“艾诺拉·盖伊”重型轰炸机、英法联合研制的“协和”超声速客机等“大家伙”；在麦克唐纳航天馆里展出了约 100 个火箭、导弹、卫星和其他航天器，其中最抢眼的是“企业”号航天飞机，还有更多的展品源源不断地搬进来；第三个设施包括大型修复部、档案部、藏品处理部、文物修复实验室和小物件收集存储部。

博物馆主馆和哈齐中心两处每年的观众超过 800 万人次，是全美国观众人数最多的博物馆。自 1976 年开放以来，观众累计达到 3.11 亿人次。目前，博物馆收藏的航空航天展品约有 6 万件，体量大小不一，从“土星”V 运载火箭到形形色色的军民用飞机、发动机、机载设备，空间飞行帽，直到微芯片应有尽有。博物馆馆藏飞机和空间飞行器有三分之一是存世孤品，它们都代表着航空航天发展史上某个重要的里程碑。博物馆每年举办大约 20 场讲座、12 次“家庭日”和 30 场活动。这些教育计划的主题大多围绕航空航天的先驱，包括飞行员、航天员和科学家，不仅是向美国观众弘扬爱国主义的生动教材，更是向从全球各地涌来的外国观众介绍美国科技和文化的最佳场所。史密森学会认为，通过吸引大批观众来到 NASM 参观，未来一代又一代人，如果在他们孩提时代就能接触到这些飞机和航天器，了解它们的过去和今后的走向，其随后被激发出来的想象力将是无与伦比的。

美国实验飞机协会的标识

在美国众多的航空展会中，有一个十分特殊，它就是美国实验飞机协会（EAA）。“实验飞机”是飞机中一个特殊的类别，是美国联邦航空局 (FAA) 为了鼓励民间航空发烧友创新而专设的，取证容易，个人不论在哪里组装的飞机，只要通过 FAA 相关人员的检测，认为达到安全飞行的标准，就可以签发在规定范围内飞行的适航证书。实验飞机可以满足大部分飞行爱好者的要求，同时还刺激了整个航空耗材的关联市场。

EAA 协会是由一群航空发烧友组成的非营利组织，它的任务是激励人们对航空的兴趣、促进航空教育和安全，鼓励和帮助爱好者自己制造飞机，推动航空运动和飞行的普及，现在已发展成一个国际组织。从 1953 年以来每年举办一次“飞来者大会”(EAA)，顾名思义，参展的飞机都是自己飞来的，它已成为世界航空领域一个十分有影响力的航空盛会，是世界上其他任何航展无法比拟的。巴黎、范堡罗、新加坡等世界著名航展，主要以买卖飞机及设备为目的，是以商贸为重点的，而“飞来者大会”是以展出自制的飞机和飞行表演为主，飞机外形千姿百态，绝大多数飞机在一般的《飞机手册》上是找不到的。2017 年 EAA 飞来大会有近 60 万人与会，有超过 10000 架飞机抵达奥什科什的维特曼地区机场和威斯康星东中部的其他机场。EAA 作为美国群众性的航空活动发展到现如今，其规模如此庞大，也揭示了美国这个航空大国背后的群众基础，从一个侧面说明美国之所以能够成为世界一流的航空大国的原因所在。

“飞来者大会”上，有成千上万架自己设计制造的小飞机

整个“飞来者大会”就是一次大型航空科普活动。在会议期间进行各种讲座和技术交流、竞速飞机比赛、飞机经济性比赛、飞机设计比赛、飞机制作评比等。通过各种比赛和技术交流达到共同提高的目的。

特别值得一提的是，EAA 于 1992 年宣布了一项“雏鹰计划”，号召 EAA 会员带领 8 ~ 17 岁的少年儿童上天飞行和学习航空知识。计划的目标原本是用 10 年时间（到 2003 年莱特兄弟发明飞机 100 周年和 EAA 成立 50 周年）送 100 万“雏鹰”上天，实际上，这项活动早就达到了 100 万的既定目标，2016 年达到 200 万人次。如今，活动还在继续，有 40000 多名志愿者参与带飞活动，截至 2019 年 7 月 15 日，已经有 2160623 名儿童上天。

参加“雏鹰计划”的少年儿童

3. 大力发展通用航空，加紧培训航空人才

通用航空与运输航空共同构成了民用航空的“两翼”。长期以来，与运输航空的快速发展相比，我国通用航空严重滞后。从 2005 年起，我国运输航空已经是全球第二、

仅次于美国的航空大国，而通用航空飞机发展仅处于初级阶段，不论从飞行器数量还是飞行小时数上都处于较低水平。美国的通用航空飞行量（约 2400 万飞行小时）超过了航空运输（约 2000 万飞行小时）。反观我国，2018 年 422 家通用航空企业、2495 架在册航空器共完成通用航空生产飞行 93.71 万小时，比上年增长 11.9%，但仍仅为当年运输航空飞行量 1153 万飞行小时的 8%。

通用航空是最大的“飞行员摇篮”。一说到“飞行员摇篮”，人们往往想到的是某所学校、某种教练机、某个地域，其实飞行员最大的摇篮应该是通用航空。培训飞行人员，增加国民中的飞行人口比例，是各国发展通用航空的重要任务之一。

美国是世界上通用航空最为发达的国家，其 70% 以上的公共运输航班飞行员来自于通用航空。有人认为美国大多数民航飞行员来自军队，但美国人说，几年前是对的，今天情况发生了变化。新的民航飞行员 90% 是由私营飞行学校和大学培养出来的。甚至美国空军也利用民间飞行学校。

这里我们不妨讲一个美国合众国航空公司（US Airways）1549 航班机长苏伦伯格的故事，他从通用航空到军事飞行员，再到民航机长的经历是很典型的。2009 年 1 月 15 日，苏伦伯格驾驶一架 A320 从纽约起飞后不久便遭遇鸟撞，两台发动机空中停车，在飞行高度不足、无法让飞机返回机场的情况下，迫降是他的唯一选择。这时他当机立断，凭着自己过硬的飞行技术，成功地把飞机降落在曼哈顿附近的哈德逊河面上，全机 115 人安然无恙。

苏伦伯格少年时就制作模型飞机，对飞行十分着迷，14 岁就拿到了滑翔飞行的执照。16 岁高中毕业后就在离家不远的私人机场开始学飞行，飞的是 1946—1951 年期间生产的一种上单翼初级教练机——艾龙卡 7DC“冠军”。1969 年他报考美国空军学院，1975—1980 年在美国空军驾驶 F-4“鬼怪”Ⅱ。1980 年，苏伦伯格受聘进入航空公司。加在一起，他有 40 多年、27000 小时的飞行经历，这使他在危机关头镇定自若，完成了一般人难以想象的壮举。美国媒体说他“不经意间，成了全世界都知道的一位英雄，一位奇迹的创造者”。事后他说，自己 16 岁在飞行教练那里受到的训练为他毕生航空生涯打下了基础。

美国人接受不同的飞行训练之后可以从 FAA 获得不同级别的资格认证，允许持证人驾驶相应类型的飞机。常见的飞行员等级证书有飞行学员认证、体育运动飞行员认证、休闲飞行员认证、私人飞行员认证、商业飞行员认证和运输飞行员认证。

据《美国通航概览》称，美国大约有 3500 所飞行学校，其中很多是大型的正规

飞行员训练从儿童抓起

学校，有高级课程、现代化的模拟设备和学位计划；另外一些学校则是由喜欢教别人学习飞行的人经营的，规模很小，甚至在一些小地方也能找到一架飞机、一个人办的学校。

2017 年美国有 211793 架通用航空飞机，总共飞行 24833264 小时，其中教练机 15826 架，飞行 4885521 小时。过去几十年里，美国取得认证的飞行员数量略有变化。1982 年总数达到 733255 人，随后长期基本稳定在 60 万人上下。2017 年，持证飞行员人数为 609306 人（其中女性占 7.01%）。包括持学员认证的 149121 人、运动认证 6097 人、休闲认证 153 人、私人认证 162455 人、商业认证 98161 人、运输认证 159825 人、直升机认证 15355 人、滑翔机认证 18139 人、飞行教员认证 106692 人。

11 年前的 2008 年 5 月 12 日，汶川发生 8 级特大地震，让全国人民认识了通用航空。除了运输，飞机和直升机在救灾抢险中还完成了许多其他十分重要的任务，如空中拍摄、空中侦察、航空遥感，把重型机械吊运到施工现场，喷洒杀虫剂防止灾后发生瘟疫……

在老百姓的呼声中，加速发展通用航空被提上议事日程。2016 年，国务院办公厅出台《关于促进通用航空业发展的指导意见》，将通用航空业定位为我国的战略性新兴产业体系，明确提出到 2020 年我国通用航空的发展目标：建成 500 个以上通用机场，通航航空器达到 5000 架，通航经济规模超过 1 万亿元，再次释放我国大力发展通用航空的信号。可以预期，随着一系列促进通用航空发展政策的出台，通用航空将迎来一个快速发展期。通用航空业的发展也将成为拉动我国经济增长的又一内生动力。

第三章

航空引领科技发展

一、航空工业的诞生和当今的世界航空工业

1. 航空工业的诞生和成长

在第一章里已经讲过，战争是推动航空制造业的重要力量。一战期间，交战双方共生产了近 20 万架飞机，宣告飞机制造业已成为一项新的产业。二战 1939—1945 年期间主要交战国又生产了 80 多万架飞机，其中产量最大的美国一家的产量就超过 30 万架。美国航空工业从业人员从 1939 年的 4.86 万人猛增到 1943 年 11 月的 200 万人。在飞机性能上，美国 40 年代初投产的战斗机性能已经大大领先于其他国家，研制的重型轰炸机更是无可匹敌。可以说，正是二战使航空技术一度大大落后于欧洲的美国，终于在 40 年代确立了航空技术最先进国家的地位，这种优势一直保持到今天。

2. 国家战略性产业

航空工业主要从事军用飞机（包括战斗机、轰炸机、攻击机、武装直升机、军用运输机、空中加油机、空中预警机和教练机等）、民用飞机（包括干线客机、支线客机、货机、民用直升机、通用飞机等）、航空发动机（包括涡喷、涡扇、涡桨、涡轴等不同类型动力装置及其派生出来的工业燃气轮机）、机载设备（包括飞行仪器仪表、控制系统、雷达系统……）、航空武器（包括导弹、火箭弹……），以及其他相关产品的设计、试验、制造、发展和维护。

世界主要国家都将航空工业作为国家战略性产业，它既是一个国家国防安全的重要基础，也体现了一个国家的工业发展水平，是一个国家综合国力的体现。

首先，航空工业是建设独立自主巩固国防的重要基础。现代局部战争的实践表明，航空武器装备对战争的进程和结局都发挥着关键性作用。世界军事大国把航空武器的发展放到了更加突出的位置，以争夺新世纪军事斗争的“制高点”。

第二，航空工业是带动国民经济发展的重要产业，航空工业是尖端技术发展的引擎。现代航空产品是尖端技术的集成，先进航空产品的研制生产必然带动尖端技术的发展。历史已经表明，先进航空产品的研制生产有力地促进了冶金、化工、材料、电子和机械加工等领域的技术进步。

第三，航空技术用途广泛。航空高技术可以转移应用于广阔的非航空领域，从而推动国民经济的发展、军民融合的发展。

3. 航空工业的现状

全球竞争是航空工业的重要特点，目前无论是军事还是民用航空产品，在市场上都已形成了高度垄断。在世界航空航天 100 强企业中，美国占 44 家；在前 10 强中，美国占 7 家，其 2012 年的销售收入为 2179 亿美元，出口额为 955 亿美元，绝对领先于其他国家。

波音公司是世界上最大的民用和军用飞机制造商之一，其军、民产品的客户遍布全球 90 多个国家，就销售额而言，波音公司是美国最大的出口商之一。波音公司 2018 年创造了交付 806 架民用飞机的新纪录，但是受波音 737 MAX 连续发生两宗致命空难的影响，2019 年上半年民用飞机交付量下跌 37%，由 378 架跌至只有 239 架。

世界上第一种五代战斗机 F-22“猛禽”，2005 年正式在美国空军服役，一共只生产了 187 架

欧洲的航空航天产品在国际市场有很强的竞争力，大型客机、军机、直升机、发动机在国际市场上均占有相当份额；在世界航空航天 100 强企业中，欧洲占据了 35 家。知名航空航天制造企业有空客公司，英国 BAE 系统公司和罗罗公司，法国泰雷斯、赛峰和达索公司，瑞典萨博公司，丹麦 Terma A/S 公司和意大利列奥纳多公司等。2018 年，空客公司向 93 家用户共交付了 800 架商用飞机，刷新了公司的年度交付数量纪录，连续 16 年交付量逐年增加。2019 年上半年交付量上升 28%，达到 389 架，8 年来首次实现交付量超越波音。

俄罗斯是世界上少数能够研制各类航

空航天产品的国家之一，其军机国际市场竞争力较好，但民机产品比较逊色，近 20 年来发展缓慢，现正在酝酿新的崛起。俄罗斯的大型航空航天公司有国防工业集团公司（Oboronprom，下属包括直升机、发动机、防空系统、无线电－电子系统等企业）和联合飞机公司（俄文缩写 OAK，英文缩写 UAC，包括苏联时代的米高扬、苏霍伊、伊留申、图波列夫、雅克夫列夫和伊尔库特等知名企业）。

俄罗斯研制的新一代喷气 150 座级客机，将进入与波音 737、A320 系列竞争的行列

加拿大是喷气公务机和支线客机全球最大的生产国之一，知名企业有庞巴迪公司。巴西安博威公司的支线客机和公务机在世界市场上享有盛誉。日本是世界主要民用客机和发动机生产商的重要合作伙伴。乌克兰具有大型运输机、航空发动机的设计和生产能力，在局部技术、某些产品领域也具有一定特色和优势。

航空发达国家利用其技术优势和垄断地位，通过技术禁运和适航壁垒，试图阻碍我国航空工业的发展和进步，在美国试图发动的中美贸易战中，把目标直指《中国制造 2025》就是最直白的证明。

从世界范围看，航空航天工业比较集中的地域有美国的华盛顿州西雅图、堪萨斯州威奇托、俄亥俄州代顿和密苏里州圣路易斯；法国图卢兹；德国汉堡；英国英格兰西北部和布里斯托尔；俄罗斯阿穆尔河畔共青城和伊尔库特；加拿大的蒙特利尔和多伦多；乌克兰基辅和哈尔科夫；日本名古屋；巴西圣保罗州的圣若泽杜斯坎普斯等。

4. 动力装置的发展受到特别关注

航空装备中，最受关注的当属航空发动机。航空工业被比作现代工业的“皇冠”，航空发动机更被称为现代工业“皇冠上的明珠”，是各种飞机的心脏。航空发动机发展水平也是一国综合国力、工业基础和科技水平的集中体现。如果一个国家在部分技术环节、部分工业门类上存在短板，就会制约航空发动机的发展。综合国力、工业基础、科技水平，任何一方面跟不上，都搞不出先进的发动机。正因为如此，目前国际上能制造飞机的有十几个国家，但能自主研制高水平航空发动机的国家只有美国、英国、俄罗斯、法国等几个国家，中国还在奋力追赶。

具体地说，航空发动机是为飞行器提供

动力的热力机械，需要在高温、高压、高速旋转的条件下工作。目前先进航空发动机工作温度在1700摄氏度以上，大大超过发动机涡轮叶片镍基合金的熔点；发动机压气机增压后的压力高达50多个大气压，相当于3倍的蓄满水后的三峡大坝底部压力；转子每分钟旋转几万转，叶尖承受的离心力相当于40吨重卡车的拉力。

美国通用电气公司在试验GEnx发动机

相对于宇宙飞船、火箭等产品，航空发动机还有自己特殊的要求，即“体积要小、重量要轻、寿命要长、可以重复使用”等，这无疑又使研制难度成倍增加。另外，航空发动机不单是设计、制造出来的，更是试验出来的。反复试验，近似于“烧钱”，没有充裕的资金投入，也就没有航空发动机先进技术的突破。

世界知名航空发动机制造商主要有：

——美国通用电气公司（GE）的历史可追溯到1878年托马斯·爱迪生创办的电灯公司，但是在1941年才开始进入航空发动机制造领域，主要产品在军用方面有F101-GE-100加力涡扇发动机、F404涡轮风扇发动机、F110/F118涡轮风扇发动机等，民用方面则依靠CF6、CF34、GE90、GEnx系列发动机及与法国斯奈克玛公司合资的CFMI公司生产的CFM56和LEAP系列发动机，这些奠定了其在航空发动机制造领域的领先地位。将为波音777X提供动力的世界上最大的航空发动机GE9X于2018年3月首次上天试飞，2019年6月GE公司透露该发动机高压压气机定子叶片需要重新设计，可能要到2019年秋季才能取证，将会导致波音777X首次试飞推迟到2020年。

——英国罗罗公司早在二战后期就开始研制燃气涡轮发动机，是发展喷气发动机的鼻祖。20世纪60年代末，随着宽体客机的出现，罗罗公司研制生产的RB211系列、“遄达”（Trent）系列涡扇发动机以其三转子的独特设计在航空发动机市场大受欢迎。独特的三转子结构可使发动机的机械简化，与同级别发动机相比，具备更少的级数、更少的组成零件及简单的系统，可靠性较高，也有利于日后的维护。在266.6千牛推力的RB211的基础上，又推出320千牛推力的“遄达”。1990年以来，“遄达”系列取得很大市场，在最新型的波音787、空客A380、空客A350上，“遄达”的市

装在 A350 上的“遄达”XWB 发动机，截至 2015 年 7 月，已经售出 1500 多台

场份额达到了 40%；“遄达”XWB 还成为空客 A350 的唯一动力来源。2017 年 8 月通过认证的“遄达”XWB-97，起飞推力达到 430 千牛，最大连续推力达到 370 千牛。

——美国普拉特·惠特尼（Pratt & Whitney，P&W，简称普惠），隶属于美国联合技术公司，成立于 1925 年。普惠公司从 20 世纪 20 年代开始到二战结束后在气冷星形发动机的研发方面占据领先地位，它推出的“黄蜂”系列品种众多，有“黄蜂”“大黄蜂”“小黄蜂”“孪生黄蜂”“双黄蜂”和“巨黄蜂”等，小型号更不下上百种，由于战时需求量大，各型号生产总量竟达 394578 台。据不完全统计，以 R-1340“黄蜂”为动力的飞机和直升机有 53 种，各型总共生产了 34966 台。R-1830“孪生黄蜂”共生产了 173618 台，是历史上生产最多的发动机之一，它装备了 19000 架四发 B-24 轰炸机和 10000 架双发 C-47 运输机。28 缸的 R-3460“巨黄蜂”是普惠公司最后一种星形活塞发动机，同时代的其他发动机望尘莫及。1944—1945 年间生产了 18697 台。

目前，普惠的军用发动机为全球 27 支空军提供动力，近 1.1 万台军用发动机在 22 个国家的 23 个客户中服役。主要军用发动机产品包括 F-35“闪电”II 安装的 F135，F-22“猛禽”安装的 F119，F-15“鹰”和 F-16“隼”安装的 F100 系列，C-17“环球霸王”III 安装的 F117，EA-6B 安装的 J 52，为 E-3、E-8、B-52 和 KC-135 提供动力的 TF33，以及 F-111 和 F-14A 装用的 TF30 发动机等。

普惠公司的大型商用发动机为全球 25% 以上的客机提供动力，并为 160 多个国家的 800 多家客户提供服务。有 16000 多台发动机（主要是 JT8D、JT9D、PW2000 和 PW4000 等）装在客机上翱翔蓝天——从窄身飞机到宽体大型客机。早在 12 年前的 2007 年 6 月，装普惠发动机的机队就超过 10 亿飞行小时。

加拿大普惠公司是美国普惠下属的一家专门从事小型发动机研制的分公司，是全球支线飞机、公务机、直升机使用的涡桨发动机和涡轴发动机的主要供应商。1958 年开始研制的 PT6，至今已 61 年了，一直在更新、发展，PT-6A 的功率范围在 580~1940 轴马力（430~1450 千瓦）之间，PT-6B/C 是直升机用涡轴发动机。截至 2015 年 11 月，已经生产了 51000 台。从 1963 年到 2016 年间，

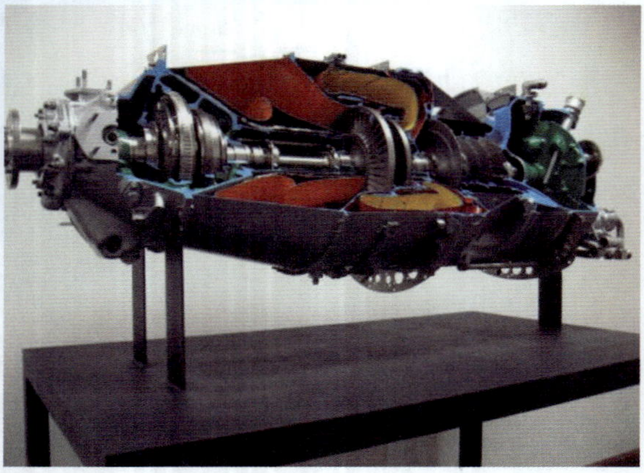

累计生产了 5 万多台的加普惠公司 PT6 发动机

累计飞行 4 亿小时，以其高可靠性而闻名，每飞行 651126 小时才有一次空中停车。

——俄罗斯联合发动机制造集团公司(UEC)

2007 年 11 月，俄罗斯整合了航空发动机制造领域绝大部分企业和诸如图曼斯基、留里卡、克里莫夫设计局等研究机构，成立了俄罗斯联合发动机制造集团公司，是俄罗斯技术国有集团（Rostec）下属企业之一，目前已控制了俄航空发动机制造业 85% 以上的行业资产。集团下属的主要单位有“土星”科学生产联合公司、乌法发动机生产联合公司、车尔尼雪夫莫斯科机械制造企业、“礼炮”燃气涡轮制造科学生产中心等，目前主要产品有 SaM146（装苏霍伊 SSJ-100 支线客机）、D-30KP-2（装伊尔 -76）、PS-90A（装伊尔 -96-300PU(M1)）、AL-31F（装苏 -27SM、苏 -30 和苏 -34）、AL-41F-1S（又称 117S，装苏 -35）、RD-33（装米格 -29）、AI-222-25（装“雅克 -130”）、TV7-117V（装米 -38-2）、VK-2500（TV3-117 的改进型）等。

PD-14 是该集团使用最新技术和材料研制的涡扇发动机，是 MC-21 客机的动力装置，也是在近几十年中在俄罗斯研制的第一个完全国产化的客机动力装置。PD-14 试验发动机目前正在茹科夫斯基市格罗莫夫飞行研究所的伊尔 -76 飞行试验室进行试验。主要目的是验证 PD-14 在类似于 MC-21 高空高速条件下工作的适用性及评价其可维护性水平，为潜在客户提供重要的技术经济参数。

5. 供应链战略的演变

在 20 世纪 80 年代以前，航空制造业大多是高度纵向一体化的公司，供应商只限于提供原材料，而主要生产都集中于公司内部。但是近年来，随着经济全球化的深入，大型制造商越来越多地将生产进行外包，逐渐形成了目前的“主制造商 + 供应商”的运作模式，也称为“全球供应链”模式，即主机厂负责设计，供应商则按图加工，主机厂再组装整机，没有任何一款有竞争力的大型客机是由一家企业完全“单打独斗”独立完成的。

80 年代以后，出于缓解研制资金压力、通过补偿贸易的方式便于推销产品等目的，大制造商从把部分低端零部件的生产外包开

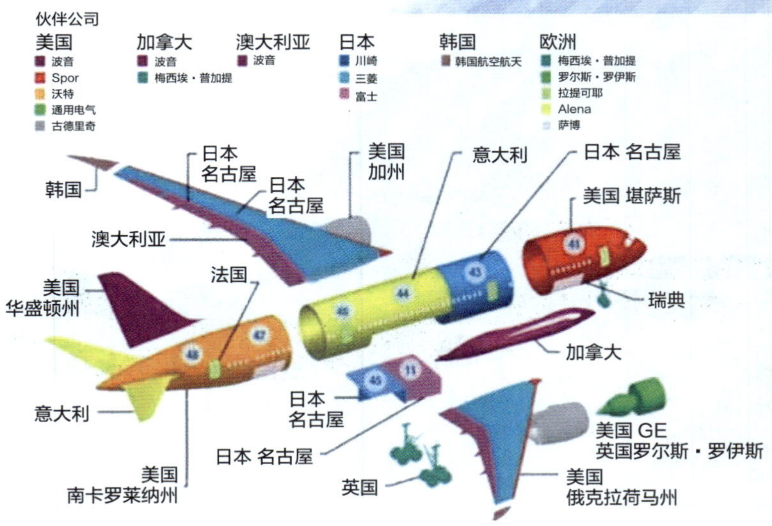

波音 787 的全球供应链

始，到把一些重要的零部件和分系统的研制工作转包给国外公司，后者成为专业化的“供应商”，逐步形成客机研制中的“跨国供应链”乃至“全球供应链”。以波音公司为例，研制波音 727 的时候，只有 2% 的工作是在公司外部完成的；在波音 767 项目中，日本和意大利的公司分别承担波音 767 研制费和工作量的 15%，美、日、意三方共同负责 767 项目的财务和管理，各方按约定比例为其销售提供经费和分配红利；到了波音 777 项目，其生产主要涉及 10 多个国家的 40 多家重要供应商、风险共担合作伙伴和转包商，以及一些小型专业供应商；波音 787 项目采用“全球供应链”模式，飞机 90% 的零部件由供应商制造，其中高达 70% 的比例由国外供应商制造，波音只负责少数零部件生产任务和总装任务，是有史以来波音承担研制生产任务最少的一次。787 项目标志着波音公司转变为一个系统集成企业，负责制定产品的分工界面和标准规范，将波音 787 飞机机体结构与各主要系统的功能结构进行合理分解，将全机结构分解成多个整体结构功能模块，接着选定不同的“模块”供应商，赋予最后选定的 23 家一级供应商全面的结构设计制造与系统集成任务和责任，波音完成产品最终的总装集成、生产和交付工作。

不过，在 787 项目执行过程中，也遇到了一些问题，不得不 5 次推迟交付，给公司造成经济和声誉上的重大损失。有鉴于此，大制造商纷纷对“全球供应链”模式进行调整，把一些关键部件和系统的研制工作收回到公司内部，以确保项目成本和进度。

顺便介绍一下，波音公司要和全球供应链中的 550 多家供应商保持联系，本身就不是一件简单的事，这项工作从 1998 年开始一直是由德国蒂森克虏伯公司为其管理的。

二、 中国的航空工业

1. 中国国防力量的基石，经济发展的助推器

人是战争胜负的决定力量，但也必须通过一定的物质力量来实现。18 世纪后期以来，整个世界进入“战争工业化”阶段，到 20 世纪上半叶，战争力量的对比，一直是国家间工业化水平的对比，而当时的工业化水平，又主要体现在重工业即钢铁生产能力上。1937 年，日本的钢产量是 580 万吨，而中国只有 4 万吨；日本可以造 1580 架飞机，而在中国若不算从作坊里敲敲打打出来的，能正规批量生产的飞机连一架也造不了。

空军要发挥作用，离不开航空工业的支撑。二战主要交战国在 1939—1945 年期间生产了超过 80 万架飞机，其中产量最大的美国一家就超过 30 万架。与他们相比，中国刚刚起步的空军主要靠购买外国飞机维持，自己仿制的少量飞机几乎可以忽略不计。

与美、英、苏等盟国的空军和航空工业相比，中国与他们处在“不对称”的地位。与主要对手——日本的空军和航空工业的对比中，中国同样也处于绝对弱势，显示出“不对称”的态势。

中国近代航空工业从飞机修理厂起步，逐步与美国、意大利等西方国家合办飞机工厂，开始装配、仿制飞机，很多器材和设备仍然依赖外国，直到 1949 年仍未建立起独立的航空工业。

2. 新中国航空工业从小到大

1949 年新中国成立之后，中国才有了真正的航空工业。

1951 年 4 月，政务院下发了《关于航空工业建设的决定》，标志着新中国航空工业正式建立。第一个五年计划期间（1953—1957 年），国家投入大量资金，创办了一批航空高等院校，建设了 13 个重点骨干企业，初步建立起航空制造体系和人才培养体系，使航空工业迅速完成由修理到制造的过渡。

到 50 年代末期，中国航空工业先后创办了航空研究院和 22 个航空专业设计所、研究所，在相对短时间内建立起了航空工业体系。到 70 年代后期，中国航空工业不仅在东北、华北、华东有了比较强的飞机及其配套的生产能力，而且在中南、西南、西北等“三线”地区建成了飞机和发动机、机载设备的成套生产基地，形成了比较完整配套的生产能力。“三线”基地的建设，带动了当地经济文化的繁荣发展，为以后进一步融入区域经济发展奠定了基础。

党的十一届三中全会之后，中国航空工业逐步调整工作重点，在全面推进各项改革的同时，开展了大规模的“军转民、内转外”的战略转变，开创出了一个改革开放、保军转民、实行战略转移的新时代。从 80 年代初到 90 年代末，军用飞机展开了近 40 个型号的研制，向部队提供了大批航空军事装备；民用飞机开始改变长期发展滞后的局面，进行了 20 多个型号的研制与改进改型，广泛应用于国民经济各项领域；非航空产品生产迅速崛起，销售额以每年 30% 以上的速度递增。

在此期间，中国航空工业管理体制有过多次变化。1963 年 9 月—1982 年 4 月为第三机械工业部；1982 年 4 月—1988 年 4 月为航空工业部；1988 年 4 月—1993 年 6 月隶属航空航天工业部；1993 年 6 月—1999 年 6 月改组为中国航空工业总公司。

1993 年 6 月“中国航空工业总公司”挂牌成立

1999 年，中国航空工业总公司一分为二，分别组建了中国航空工业第一集团公司和中国航空工业第二集团公司。此后 10 年间，中国航空工业掌握了第四代战斗机和发动机、涡扇支线客机、先进直升机的研发技术，使我国跻身能够研制先进战斗机、直升机等航空装备的少数国家之列。同时，民机产业、燃机产业、非航空产品快速发展，为民用航空等相关产业发展做出了重要贡献。

2008年11月6日，航空工业再次改组，第一集团和第二集团公司重组，成立了新的中国航空工业集团公司（简称“中航工业”），使中国航空工业发展进入了崭新的阶段。2017年12月27日集团公司改制及名称变更完成，在北京市工商行政管理局办理了工商变更手续，2018年1月成为中国航空工业集团有限公司（简称“航空工业”，英文缩写AVIC），是中国国家出资设立，受国务院国有资产监督管理委员会直接监督管理的国有大型企业，是国家授权投资的机构。

公司设有航空装备、运输机、发动机、直升机、机载设备与系统、通用飞机、航空研究、飞行试验、贸易物流、资产管理、金融、工程建设和汽车等产业板块，下辖140余家成员单位、近30家上市公司，员工逾50万人。公司拥有由中国航空研究院等33个科研院所组成的高水平科研体系，拥有一大批院士和国家级专家；拥有一批国家重点实验室和重大科研试验设施；拥有中航网联通国内所属成员单位，具备异地协同设计制造能力和现代化信息传输能力。自2000年以来，共获得国家科学技术进步奖39项，其中特等奖2项，一等奖5项，二等奖32项。在2019年《财富》世界500强榜单中，中国航空工业集团有限公司以655.34亿美元营业收入名列第151位，连续第11年入榜，较2018年前进10位，较2009年首次入榜前进了275位，由此可以清晰地看到中国航空工业的发展和进步。

中航工业承担下述重要任务：

——为国防安全提供先进航空武器装备，包括研制战斗机、战斗轰炸机、轰炸机、运输机、教练机、侦察机、直升机、强击机、通用飞机和无人机等飞行器，全面研发

1998年3月23日中国自主独立研制的歼10飞机首飞成功，我国战斗机实现历史性跨越

空空、空面、地空导弹。近年新问世的产品有歼10、歼11、歼15“飞鲨”、歼20、歼31“鹘鹰”“枭龙”、轰6、“飞豹”、空警200和空警2000、运20“鲲鹏”“霹雳火”直10、“黑旋风”直19、“翼龙”无人机、“猎鹰”和“山鹰”高级教练机、“霹雳”和“闪电”等系列导弹。

——为交通运输提供先进民用航空装备，包括全力支持C919客机、ARJ 21新支线飞机的研制和生产；自主研制AG600大型水陆两栖飞机；系列发展新舟60、新舟600/700支线飞机；研制AC311、AC312、AC313、AC322、AC352等AC系列民用直升机；大力发展AG50、AG100、AG300、AG600等AG系列，运12系列，“小鹰”500、“海鸥”300、SF50轻型公务机、西锐系列通用飞机；研制“鹞鹰”民用无人机；承接国际航空转包生产任务并成为优秀供应商，为国内外客户提供优质、可靠的民用航空产品。同时以通航运营发展为推手，以商业成功为目的，努力推动国家通航产业战略目标的实现。

——为先进制造提供高端装备和创新动力。航空工业秉承技术同源、产业同根、价值同向的军民融合式发展理念，积极探索制造业转型之路，深入推进工业化和信息化“两化融合”和智能制造。将航空高技术融入民用领域，大力发展汽车零部件、液晶显示、电线电缆、印刷线路板、光电连接器、锂离子动力电池和智能装备等产品，并协调发展金融投资、工程建设、航空创意经济等现代服务业。

歼20

“霹雳火”直10

AG600大型水陆两栖飞机

不难看出，中国航空工业从 20 世纪 50 年代开始，经过 60 多年的发展，从小到大，从仿制逐步走向自主研制。1958—1963 年经国务院军工产品定型委员会批准定型的武器装备及配套设备 268 项，其中仿制的占 59%。到 1962 年，歼 5、歼 6、歼 7 和中型、轻型轰炸机相继问世并装备部队。60 年代中期，空军装备基本实现国产化，装备的国产化率达到 75%。改革开放 40 年，是中国航空事业腾飞的时期，以歼 10 为标志的一大批国产新型飞机先后装备部队，使中国迈入了世界先进飞机国家的行列。

2018 年 5 月 7 日，在西安阎良举办的 2018 年中国大中型军民用飞机发展高峰会上，歼 20 总设计师杨伟、运 20 总设计师唐长红、AG600 水陆两栖救援飞机总设计师黄领才，以及正在带领团队研究新一代民用大飞机的中国商飞预研总师杨志刚悉数参会。在发言中，他们讲述了中国航空工业近年来取得的巨大进步。自 2012 年以来，歼 20、运 20、C919、AG600 等多个重点机型的相继研制成功，它们有的已经正式列装部队，有的实现首飞，开辟了中国航空工业新的历史阶段。杨志刚说，“近年来，我国航空工业一系列重点机型取得了井喷式的发展，从望尘莫及到望其项背，从跟跑到部分并跑，并开始向领跑迈进。”虽然取得了巨大的进步，但 4 位总师对我国航空工业的成绩并没有盲目乐观，反而对差距有着清醒的认识：“我们可以对标国际最先进的机型，可以在某个细分领域甚至实现超越，但是在子系统、基础部件等方面还需要继续努力……由于我国航空工业起步较晚，而且很长一段时间受到国力等因素影响，没有得到充分发展，以商飞为代表的民机仅有 10 年的短暂历史，存在差距是必然的。”

三、新飞机的诞生

1. 飞机研究、设计和生产过程

飞机是现代工业的重要产品，是高科技的结晶，新型飞机研制和设计是现代最新科学技术应用的集中体现。创造一种新型现代飞机，需要花费巨大的人力、物力和财力，需要经历相当长的周期，需要各种科研和生产部门的通力协作。

从无到有创造一种新型现代飞机，大致要经历以下各阶段：

(1) 航空科学研究

航空科学研究分为基础研究、应用研究和预先研究等几类。

基础研究指为获得基本知识和技术理论而做的探索性理论和试验研究，探索与航空有关的自然规律。基础研究的成果多以学术论文的形式发表，不针对具体产品。应用研究指为某一特定目的而进行的研究，在基础研究的基础上，把某些新知识和新技术应用于新产品。应用研究的成果多以经过实验的研究报告形式发表，或者提出原理验证样机或样件，在这过程中往往可以产生新的设计概念和设计方法。预先研究的主要任务是验证应用研究成果用于产品研制技术的可能性，为产品研制预先做好技术准备，从而可以减少新产品研制的风险，大大缩短研制周期。

世界上有很多著名的航空科研机构，像美国的国家航空航天局（NASA）和苏联/俄罗斯的中央流体动力研究院（ЦАГИ），它们都为各自国家以至全世界航空技术的发展做出了重要贡献。

NASA 研制的三种研究机

航空技术是高度综合的现代科学技术，它以基础科学和技术科学为基础，集中应用了 20 世纪许多工程技术的新成就。力学、热力学、材料学、医学、电子技术、自动控制、喷气推进、计算机、半导体技术、制造工艺学等都对航空的进步发挥了重要作用。这些技术在航空领域的应用中相互交叉和渗透，产生了一些新科学，使航空科学技术形成了完整的体系。航空发展不断提出新的要求，又促进了这些科学技术的进步。

(2) 飞机设计

传统的飞机设计是完成用于飞机制造和使用所需的全部图样和技术文件的过程。随着计算机的广泛应用，出现了不依赖图样传递信息的新型设计程序。

设计飞机首先要求根据飞机的具体用途，对性能指标和技术要求进行可行性验证。军用机的性能指标和技术要求一般由军方提出，包括任务和作战对象、速度、航程、动力装置 、武器的配置、机动性、最大过载及典型作战剖面等；民用飞机的性能指标和技术要求则主要由市场需要来确定，包括任务、装载量、乘客载量、速度、航程、经济性和寿命等。

飞机设计的过程大致包括总体设计 、打样设计和工作设计等步骤。在上述三个阶段中，要穿插进行大量试验。

(3) 计算机辅助设计和制造（CAD/CAM）

20 世纪 70 年代以来，在航空工业部门逐步形成了完整的计算机辅助设计和制造系统，这种系统利用数据库和网络通道直接传输飞行器有关数字信息，可以把设计和制造过程紧密联系起来，使飞行器设计制造发生重大变革。CAD/CAM 的组成包括计算机、图形显示工作站、数据库和数据设备，这些设施的综合应用，加快了飞行器的研制进度，提高了飞行器性能。

(4) 试验

在航空产品研制过程中，需要对新设计的部件、系统乃至整机进行大量的综合性试验，通过试验可以比较逼真地检验产品是否达到预期的设计要求。

——风洞试验。风洞是空气动力学研究试验中使用最广泛的工具，广泛用于研究空气动力学的基本规律，以验证和发展有关理论，并直接为各种飞行器的研制服务，通过风洞试验来确定飞行器的气动布局并评估其飞行性能。风洞可根据气流流速的范围分为亚声速、跨声速、超声速、高超声速等几类，也可按用途、结构、形式和试验时间来分类，还有为满足特殊需要而制造的专用风洞。

先进超声速运输机（AST）模型在兰利飞行研究中心的风洞里吹风

歼 10B 全机静力试验

——结构试验，也称强度试验，目的是验证飞机结构部件在载荷和环境条件下的状态和耐受能力。按试验内容不同，又分为静力试验、动力试验、疲劳试验和热强度试验等。在最终验证试验中，一般需要用两架飞机分别进行全机静力破坏试验和全机疲劳试验，虽然试验费用浩大，但对大型飞机仍都进行破坏试验。进行结构试验需要使用多点协调加载系统，需要庞大的试验室和复杂的试验设备，多用电子计算机进行数据采集和处理。

——推进系统地面台架试验和高空模拟试验。前者是将发动机安装在地面台架上，进行性能、结构强度、循环寿命和环境适应性等一系列内容的试验；后者是在地面高空模拟舱（简称高空台）中对推进系统进行模拟各种飞行状态（飞行高度、速度、飞行姿态等）下的稳定状态和瞬间状态的试验，目的是鉴定推进系统在整个飞行包线范围内的性能、稳定性和工作可靠性，确定整个推进系统的发展潜力，分析并研究推进系统在使用过程中可能出现的故障。

——环境试验，是检查飞机、发动机和各种附件、设备在各种使用条件下的工作性能，包括在寒冷和炎热地带、高原地区、海上空域的试飞，发动机在高温和低温条件下的起动试验，结冰和防冰、雷击、腐蚀敏感性、电子设备的抗干扰能力等方面的试验。

——弹射救生试验，是检验弹射救生装置的性能和研究弹射救生时人体生理反应的试验，包括地面弹射试验、空中弹射试验、座舱盖抛盖试验等。地面弹射试验可以在火箭滑车和地面弹射台上进行。一般用假人或动物弹射，必要时也可用真人进行弹射试验。

——天线试验，是在微波无反射室（又称微波暗室）内进行，目的是测试天线或飞行器（飞机、导弹、卫星等）的天线方向图、雷达罩性能、雷达目标散射截面及无线电系统的性能。微波暗室的内壁用锥形微波材料铺设，用以吸收入射到壁上的电磁波能量，以便达到在室内某个空间建立一个接近自由空间状态的无反射区，以减少测试场的各种障碍物的反射及外界电磁干扰信号对天线测量的影响，提高测量的精度。

——工作系统试验，指检验飞机各系统（液压、冷气、氧气等）的畅通性、严密性及运行工作参数是否正常。

6 种基本飞行仪表

——飞行试验是飞机在真实的飞行环境条件下进行的各种试验，简称飞机试飞。飞机试飞的目的是验证理论和地面试验的结果，鉴定设计指标、适航性和使用性能。飞机的设计和地面试验都是在理论假设和非全面模拟条件下进行的，需要通过空中试飞来验证。

A380 原型机上试飞工程师的工作台

试飞按性质和任务可分为研究性试飞、调整试飞、定型试飞、使用试飞、出厂试飞和验收试飞等。

(5) 试制

工作设计完成之后即可制造第一批试验用飞机，叫原型机，制造原型机的数量根据采用新技术多少、费用和进度等多种因素确定，至少3～4架，多时达一二十架，其中1～2架用于强度和疲劳试验，其余用于试飞。

(6) 生产

飞机机体的制造要经过工艺装备制造、

毛坯的制备、零件加工、部件装配、总装配和检测等一系列工序。飞机装配是分阶段进行的，首先将加工好的零件在型架上装配成框、肋、翼梁、壁板等构件，再将构件组合成部件（如机翼中段、前缘、后缘，机身前段、中段、后段等），最后完成大部件（机翼、机身、尾翼）的对接。装配中各部件外形靠型架保证，对接好的全机各部件相对位置，特别是影响飞机性能特性的参数（如机翼安装角、后掠角、上反角等）和飞机的对称性，要通过水平测量来检测。

研制现代飞机，需要巨额经费，一家公司往往很难承担，这就导致越来越多地组织国际多家公司联合研制的趋势，这样除了可以降低一家公司承担的费用外，还有助于集中各家企业的经验，确保更大的市场。

空中客车公司图卢兹 A330 总装生产线

(7) 发展与改型

飞机的研制周期很长，一般都在 5 年以上，而寿命期更长。科学技术不断发展，如发动机的推力不断加大、耗油率不断下降，航空电子技术在迅猛发展，这些都为飞机在服役期间通过改进、改型提高性能创造了有利条件；而飞机自身也必须适应形势发展不断改进改型。以美国的 B-52 轰炸机为例，1948 年 10 月开始设计，1952 年原型机首次试飞，1962 年 10 停产，总共生产了 744 架，其中后期生产的 G、H 型，目前仍在服役，美军方对其进行了多次改进，如对电子设备进行改进，提高了导航能力和攻击精度，在 20 世纪末的海湾战争和 21 世纪的反恐战争中都发挥了重要作用。

(8) 飞机的使用和维护

飞机的使用，特别是大型运输机，涉及人民的生命财产安全，因此需要一系列地面保障设施和多种安全措施，其中最主要的有机场和空中交通管制设施。

——机场

是可供飞机起降、滑行、停放的场地和

北京首都机场 3 号航站楼

有关建筑物及设施的总称，其中规模较大的可称为航空港。机场有军用和民用之分，也有的机场是军民合用的。最常见的机场是对公众开放的供商业航空运输使用的机场，此外还有通用航空作业用的机场，以及航空企业、研究机构和航空院校专用的内部机场。

——空中交通管制

飞机在天空中飞行，必须接受严格的管理与控制，这样才能保证飞行安全。空中交通管制的任务是防止飞机在空中相撞，防止飞机与地面障碍物相撞，保证空中交通安全畅通，提高空域利用率。管制方式主要有程序管制和雷达管制两种，前者由空中交通管制员（塔台工作人员）根据飞行申请进行人工协调管理，后者是管理人员从雷达屏幕上掌握管制区内所有航空器的精确位置，并加以管理。

——飞行训练与模拟技术

军用和民用航空业的发展都需要大量高水平的飞行员、地面机务人员和乘务人员，传统的培养飞行人员的方式是用教练机实飞。20世纪60年代初以来，随着电子计算机、光学、电视、自动控制和液压技术的发展，飞行模拟技术日趋完善，培养飞行员越来越多地使用飞行训练模拟器。飞行训练模拟器主要由座舱（内部设置与飞机完全相同）、计算机系统、视景、音响、仪表、操纵、运动系统及综合教学设备组成。飞行员在座舱内能观察和体验飞行中的种种现象和感觉。座舱有固定基座和活动基座两种形式，活动基座的座舱由运动系统带动，随飞行员的操纵做各种动作，给飞行员以加速度变化的感觉。根据不同的训练要求，飞行训练模拟器主要分为座舱程序和系统训练器、部分模拟器和全任务飞行模拟器三种，由于飞行模拟器具有安全、可靠、节能的优点，不受气象、

20世纪二三十年代的“林克训练器”

现代飞行模拟器的驾驶舱

时间、地点的限制，因此能大大降低成本，节约资金，缩短训练周期，提高训练质量。

——飞机维修

维修的任务是依据有关适航文件、机型维修大纲和维修方案的规定，由合格的机务人员以被认可的维修手段对飞机进行检查、修理、改装、校准及功能测试，使其保持或恢复飞机固有的适航性能和可靠性。维修质量的好坏和工作效率的高低对飞机安全和航空企业的效益起着举足轻重的作用。

2. 中国一大批新飞机问世

（1）“飞豹”也叫歼轰 7，是 20 世纪 80 年代开始由当时西安飞机公司和 603 研究所合作设计研制的双发串列双座超声速歼击轰炸机，主要用于进行战役纵深攻击及海上和地面目标攻击，可进行超声速飞行。1988 年首次试飞成功。1998 年珠海航展上首次公开亮相。随后主要装备中国海军航空兵。2007 年 8 月，上海合作组织“和平使命 -2007”军演在俄罗斯举行，“飞豹”首次异域扬威，得到国际上的高度评价。在中国空军承办的“国际军事比赛 -2017 · 航空飞镖”比赛中，中国空军歼轰 7 A（与歼轰 7 相比，7A 对气动外形略做改进，采用新材料和装备新雷达和航电系统，作战效能有了大幅提升）机组战胜俄罗斯苏 -34 机组，获得歼轰机组的第一名。在 2018 年的比赛中，歼轰 -7A 再次战胜苏 -34 夺冠。连续两年取得优异成绩，这显然绝不只是靠运气，而是凭绝对实力获胜。

“飞豹”歼击轰炸机

（2）歼 10 是成都飞机工业公司和 611 所从 20 世纪 80 年代末开始自主研制的单座单发第四代战斗机，1998 年 3 月 23 日歼 10-01 首次试飞，留空时间仅短短 17 分钟，但这是成千上万人创造性劳动的结晶。该机采用大推力涡扇发动机和鸭式气动布局，是中型、多功能、超声速、全天候空中优势战

歼 10 的 1001 号原型机

歼 11 战机起飞

斗机。其作战半径大，起降距离短，攻击能力强，综合作战效能达到国际同类战斗机先进水平，实现了我国军用飞机划时代的历史性跨越。2007 年 1 月 5 日，中航工业召开新闻发布会，正式向外界披露了歼 10 研制及技术细节。2007 年 2 月 27 日，中共中央、国务院隆重举行国家科技奖励大会，胡锦涛等党和国家领导人，向获得国家科技进步特等奖的歼 10 工程项目代表颁奖。

（3）歼 11 是中国购买的苏联 / 俄罗斯专利及授权的苏 -27SK 战斗机的国产组装飞机，它继承了苏 -27 的优异特性，凭借现代化的空气动力学外形、发动机性能、较高的载油量、宽广的飞行高度和速度范围，可非常高效地拦截空中目标，不但可利用导弹实施远距离攻击，还可在近距离空战中占据上风。苏 -27SK 于 1992 年 6 月 27 日首批交付，1996 年 12 月开始引进生产线，1998 年 12 月 16 日沈阳飞机公司自行组装成功试飞，之后逐步掌握生产与组装能力。歼 11B 是沈飞公司在引进苏 -27SK 后为提高航电系统效能而自行研制的第四代重型战斗机，换装了国产综合火控系统、全玻璃化座舱、四余度数字式电传操纵系统、涡扇 10“太行”发动机等核心部件。歼 11B 将成为中国空军未来执行远程空优作战的主力。

在 2017 年有歼 11B、歼 10A、歼 10B、歼 11A 和苏 -30MKK 参加的中国空军空战对抗竞赛中，考核分为两个部分：单机对抗（“金头盔”）和编队对抗（“天鹰杯”），结果是 6 顶“金头盔”有 4 顶被歼 11B 飞行员夺得，“天鹰杯”前 3 名都是歼

11B 部队，显现出歼 11B 无论是飞机性能还是人员素质都处于最佳状态，的确让人刮目相看。

（4）歼 15，又称“飞鲨”，是沈飞以歼 11 为基础进而研发出来的重型双发舰载战斗机，装有可折叠机翼，在外形上与俄制苏 -33 非常相似，但歼 15 融合了歼 11B 的技术。在歼 11 的基础上新增鸭翼、配装两台大功率发动机，实现了机翼折叠，全新设计了增升装置、起落装置和拦阻钩等系统，使得飞机在保持优良的作战使用性能条件下， 实现了着舰要求的飞行特性。2009 年 8 月 31 日，歼 15 首飞成功。2012 年 11 月 23 日由飞行员戴明盟首次在辽宁号航空母舰甲板上成功着舰。

（5）歼 20 是成都飞机工业集团公司研制的一款具备高隐身性、高态势感知、高机动性等能力的隐身第五代战斗机。歼 20 采用了单座双发、全动双垂尾、无边界层隔道超声速进气道（DSI 鼓包进气道）、上反鸭翼带尖拱边条的鸭式气动布局。头部、机身呈菱形，垂直尾翼向外倾斜，起落架舱门为锯齿边设计，装备专为歼 20 量身定制的 PL 15 和 PL 21 空空导弹。首架技术工程验证机于 2009 年制造成功，并于 2011 年 1 月 11 日首次试飞。2016 年 11 月 1 日，歼 20 参加珠海航展并首次对外进行双机飞行展示。2017 年 3 月 9 日，中央电视台报道歼 20 已正式进入空军序列。

（6）运 20，又称“鲲鹏”，是由中航

歼 20 正面雄姿

工业第一飞机设计研究院设计、西飞集团为主制造的新一代战略军用大型运输机，2013年1月26日首飞成功。运20采用常规布局，悬臂式上单翼、前缘后掠、无翼梢小翼，最大起飞重量220吨，载重超过66吨，最大时速≥800千米，航程大于7800千米，实用升限13000米，可在复杂气象条件下执行各种物资和人员的长距离航空运输任务。2017年11月10日，中国空军发言人表示，运20列装部队后，已经开展编队训练。

运20的研制成功实现了中国军用大型运输机的突破。此前中国只参与研发过50吨级别的军用运输飞机，在这个200吨级别的产品研制之前，如今仅用了5年左右的时间就完成了从50吨级到200吨级的巨大跨越。目前，运20生产和交付工作顺利开展，完善和进一步开发正在按照计划进行。

（7）C 919是我国具有自主知识产权的大型喷气式民用飞机，由中国商用飞机有限责任公司(中国商飞)组织研制，座级158~168座，航程4075~5555千米，2008年开始研制，2017年5月5日成功首飞，2019年8月1日第四架C919遨游蓝天。根据计划，105、106架机也将在2019年下半年投入试飞。

C919将在基本型基础上，形成加长型、缩短型、货运型、特种型、公务型等完整系列。按照“主制造商－供应商”运作模式，中国商飞作为C919主制造商，重点加强设计集成、总装制造、客户服务、适航取证等能力，发动机、机载设备、材料等主要运用市场化机制，实行全球招标。C919机体部分全部由国内企业制造，成飞（成都飞机工业（集团）有限责任公司）、西飞（西安飞机工业（集团）有限责任公司）、哈飞（哈尔滨

中国自主研制的C919喷气客机起飞了

AG600 在珠海航展上，远处是运 20

飞机工业（集团）有限责任公司）等都参与其中。发动机及飞控、航电系统等关键部件，由于国内产品暂时达不到技术要求，向国外招标。这样就形成“举全国之力,聚全球之智，既充分利用国内航空工业资源，又吸收世界一流技术”的局面。在中国商飞的牵线搭桥下，包括世界三大民用发动机供应商之一的美法合资 CFM 国际公司在内的多家 C919 设备供应商，与国内企业组建了 16 家合资企业，涵盖发动机、航电、飞控、电源、燃油和起落架等机载系统，提升了国内机载系统配套能力。这样做，将有利于迅速带动国内民机产业的成长，形成中国的民机产业体系，带动航空工业、高新技术产业和基础学科的发展。总之，C919 是中国走向航空强国、大国的里程碑。可以预料，10 年之内,世界必将出现三大商用飞机制造商，也就是波音、空客和中国商飞。C919 是“中国制造 2025”的一把利剑，它必将与中国高铁和核电，并列于未来引领世界高端制造的象征性利器。

（8）AG600 是中国自行设计研制的大飞机“三剑客”之一，是大型灭火、水上救援水陆两栖飞机，也是世界在研最大的水陆两用飞机。飞机采用单船身、悬臂上单翼布局形式，选装四台 WJ 6 发动机，采用前三点可收放式起落架，将取代已经服役多年的低档水轰 5，主要用于执行应急救援、森林灭火、海洋巡察等任务。

AG600 在 2017 年完成了陆上首飞，2018 年 1 月 24 日在珠海进行第二次地面试飞。据总设计师黄领才介绍，AG600 的个别研发指标高于国际同类产品。如执行水上救援任务，AG600 单次可救援 50 多人，多于日本同类产品 10 人左右。与之相比，汲水灭火能力则不相上下，均可以单次汲水 12 吨。2018 年 10 月 20 日，AG600 这款全球在研最大的水陆两栖飞机在湖北荆门漳河机场完成首次水上试飞。水上首飞成功当日，AG600 一年内第二次得到党中央、国务院的高度赞扬：习近平总书记发来贺电，李克强总理、刘鹤副总理做出批示。

四、华夏儿女的航空贡献

1. 冯如："中国始创飞行大家"

冯如（1883—1912）是中国最早的飞机师和飞行家，1883年12月15日出生于广东省恩平县，幼时赴美，在旧金山和纽约做工，刻苦钻研工艺技术。

莱特兄弟飞机飞行成功后，冯如深受影响，立志从事飞机制造。他得到当地华侨的赞助，于1907年在奥克兰设厂制造飞机，1909年成立广东飞行器公司，同年制成第一架飞机，于9月21日在奥克兰附近的派德蒙特山丘试飞，9月23日旧金山《观察报》在头版头条报道了这次试飞的消息，并做出"在航空领域内，中国人把白人抛在后面"的评价。

1911年2月，冯如携同助手朱竹泉等人带两架飞机回国，并准备把在美国的广东飞行器公司迁回广州，以发展中国的航空事业，由于得不到清政府的支持而作罢。辛亥革命后，广东革命军政府组织飞行队，委任冯如为队长，准备北上参战，因翌年2月清帝退位而暂停。1912年8月25日，冯如在广州燕塘飞行表演中因飞机失事牺牲，遗体安葬在广州黄花岗烈士陵园，被追授陆军少将军衔，并立碑纪念，被尊为"中国始创飞行大家"。

2. 徐舜寿：主持新中国第一个飞机设计室

徐舜寿（1917—1968），浙江吴兴

人，1937 年从清华大学机械系航空工程专业毕业后到杭州笕桥飞机制造厂工作。1944—1946 年在美国实习。回国后，以满腔热情投身新中国航空工业的发展和建设中。1956 年 8 月在沈阳创建了新中国第一个飞机设计室，研制成功了中国第一架喷气式歼击教练机——歼教 1；由他亲自设计或主持、组织设计的飞机还有初教 6、强 5、歼 6、轰 6、运 7 和歼 8 等。在他的规划下，在沈阳建造了中国第一座跨、超声速风洞；他编写了《飞机性能捷算法》，编译了第一部《英汉航空工程名词字典》，编译出版了《飞机构造学》《飞机强度学》《飞机寿命》等书。他以自己的学识修养言传身教，培养了一大批优秀人才，造就了一批中国航空工业的栋梁之才。

3. 吴仲华：叶轮机械三元流动通用理论的创始人

吴仲华 (1917—1992)，江苏苏州人，1940 年清华大学机械系毕业并留校任教。1943 年留学美国麻省理工学院，毕业后在美国 NACA(美国宇航局的前身) 刘易斯喷气推进中心任研究科学家。1950 年创立叶轮机械三元流动通用理论，该理论在学术界是“轰动性的”，指导了国际上一系列航空发动机的设计，也使吴仲华“从 50 年代到现在，他一直是叶轮机械设计界的导师”。1954 年他历尽艰辛回国，历任中国科学院学部委员（院士）、中国科学院学部主席团第一届执行主席（1981—1992），是新中国工程热物理学科的创立者、中国科学院工程热物理研究所的奠基人，毕生致力于叶轮机械的研究，发展了三元流动理论，为祖国科技事业做出了卓越贡献。

4. 陆孝彭：中国研制喷气强击机第一人

陆孝彭（1920—2000），江苏常州人，1941 年毕业于重庆中央大学航空工程系，毕业后在昆明第一飞机制造厂、四川南川第二飞机厂工作，1945 年至 1949 年先后在美国麦克唐纳飞

机公司和英国格罗斯特飞机公司实习飞机设计。1949 年 8 月，返回祖国投身于新中国的航空建设。1956 年，任沈阳飞机厂歼教 1 主管设计师。1959 年底调到洪都机械厂，担任强 5 主管设计师，1964 年初强 5 研制成功。1969 年主持歼 12 的全部设计工作。1995 年 7 月成为中国工程院院士。

强 5 的诞生揭开了我国自行设计制造超声速喷气式强击机的历史，先后有 7 种改型，并大量装备部队，成为中国空军的主力机种之一，还出口外销其他国家，填补了中国航空工业的一项重要空白。陆孝彭曾主持变后掠技术重大课题研究，在气动布局、机翼优化设计、驱动机构和飞控系统方面取得突破。

5. 顾诵芬：歼 8II 总设计师

顾诵芬（1930— ），江苏苏州人，

1951 年毕业于上海交通大学航空工程系，历任沈阳飞机设计所副总设计师、副所长、所长兼总设计师，沈阳飞机制造公司总设计师。1964 年，领导歼 8 飞机的气动设计工作，并突破了方向稳定性和排除抖振等重大技术关键，确保了飞机定型。1981 年，出任歼 8 Ⅱ飞机总设计师，1984 年 6 月试飞成功，不久投入生产。1988 年起，领导飞机主动控制技术研究，在国内首次实现不稳定飞机的飞行。1990 年起，领导高性能远景飞机的概念研究，为当今我国具有世界水平的新一代战机奠定了重要技术基础。1991 年当选中国科学院院士，1994 年当选中国工程院院士，成为“两院院士”！

6. 宋文骢：从战士到“歼 10 之父”

宋文骢（1930—2016），云南大理人，

17 岁参加革命，成为游击队员、侦察员，新中国成立后进入哈尔滨军事工程学院学习，毕业后走上了飞机设计的岗位，在沈阳飞机设计所先后参加过东风 113、歼 7、歼 8、歼 9 等型号研制。1970 年离开沈阳赴成都参与组建新的成都飞机设计所。1984 年 4 月担任总设计师的歼 7C 首飞成功。1985 年，主持组建了中国第一个航空电子系统研究室，填补了数字综合航空电子系统的国内研究空白。1986 年被任命为国家重大专项歼 10 总设计师，带领科研团队艰苦努力 10 多年，终于在 1998 年 3 月 23 日成功实现歼 10 首飞。歼 10 突

破了先进气动布局、数字式电传飞控系统、高度综合化航空电子系统和计算机辅助设计与制造等一系列关键技术，让中国战斗机研制有了跨越式发展。宋文骢特意把3月23日改作自己的生日。2003年当选中国工程院院士。2007年2月27日，歼10荣获“国家科技进步奖特等奖”。2010年2月，当选为2009年度“感动中国”十大人物。

7. 唐长红：让中国跻身“大运俱乐部”

唐长红（1959— ），陕西蓝田人，1982年毕业于西北工业大学空气动力学专业，加入第一飞机设计研究院。先后参加“飞豹”、运7-200A等型号研制和MPC-75、AE-100等民机项目工作，积累了丰富的工作经验和组织能力。1999年，歼轰7A立项，2000年受命出任总设计师，当年9月26日，完成国内第一架全机电子样机设计。接着，在国内首次实现飞机三维设计和电子预装配，从传统设计方法一步跨越到数字化、并行化国际水平。随后，组织领导86个参研单位，仅用常规研制周期的一半时间，完成飞机研制，并批量装备部队。2007年2月，国家批准包含军、民两个子项目（运20和C919）的“大飞机重大科技专项”。唐长红被任命为运20总设计师，经6年研发于2013年首飞成功，2015年试飞定型，2016年6月交付使用，2017年7月正式服役。经历9年奋斗，运20“鲲鹏”展翅，“胖妞”出阁，中国从只研制过50吨级运输机的国家一举跻身世界上少数几个能自主研制200吨级大飞机的“大运俱乐部”。

8. 孙聪：让歼15翱翔海天

孙聪（1961— ），辽宁沈阳人，1983年毕业于北京航空航天大学电子工程系，进入沈阳飞机设计所工作，长期奋斗在战斗机设计和试制一线，在航空电子综合化专业组建，歼8Ⅱ、歼8ⅡM型研制中有突出贡献。后担任歼11总设计师，带领团队攻坚克难，使歼11系列迅速成为新的主战装备。中国航母工程于2005年开始，舰载战斗机的研发同步提出，孙聪提出中国化首款舰载机方案，方案立项后命名为歼15“飞鲨”，孙聪被任命为总设计师。经过5年研制，2010年5月歼15进行了首次滑跃起飞。2016年随航母开展远海训练，进

歼 15 舰载机的辨识特征：鸭翼布局、折叠机翼和机尾着舰阻拦钩

行了多批次空中加受油、空中对抗等训练任务。2018 年 5 月 24 日央视节目公布了歼 15 在辽宁舰上实现了首次夜间起降，意味着中国的舰载机编队已初步具备全天候作战能力。

孙聪还提出和领导了歼 31“鹘鹰”的研制，并确定以外销为突破的发展道路。该机于 2012 年 10 月 31 日成功首飞，标志着中国成为世界上第二个同时研发两款五代机的国家。

9. 杨伟：中国最年轻的飞机总设计师

杨伟（1963— ），四川资中人，1985 年

毕业于西北工业大学空气动力学与飞行力学专业，进入成都飞机设计所，1998 年出任成飞所副所长、副总设计师，兼任飞控系统总设计师，2001 年晋升为总设计师，成为我国最年轻的飞机总设计师，曾先后担任歼 10 双座型总师、超七 / FC-1（“枭龙”）总师、我国第一个五代机歼 20 总设计师。上述型号先后研制成功，为我军武库增添了具有世界先进水平的新战机品种。

作为我国新一代战斗机电传飞控系统的组织者和开拓者，在国外封锁极严、技术难度极大的情况下，杨伟从飞控系统总体方案确定，到全系统数字仿真和原理试验；从应用软件开发，到独特的自动测试体系，带领团队终于设计出一流的系统，研制出一流的综合试验设施，确保采用静不安定技术的新机首飞安全，进而确保新机稳定性和各项性能指标，实现了在该领域从“必然王国”向“自由王国”的跨越，创造了国际新机试飞史和同类新机研制史的奇迹。2017 年杨伟当选中国科学院技术科学部院士。2016 年他在珠海航展上说：“歼 20 只是走向‘中国制造 2025’的途中完成的一个小目标。科技的发展推动着航空产品的更新迭代，而自主创新，才是科技发展之‘根’。”

歼 20

第四章 飞向未来

一、展望航空新技术

多年来，航空航天业一直是技术创新应用最为活跃的行业之一，在飞机问世后第一个100年里，就有无数技术创新，推动飞行技术跃进发展。举例来说：早期飞机由于发动机功率低、重量大，建造机体的材料大多是木材和蒙布，为加大飞机的升力，需要较大面积的机翼，以便在低速条件下产生足够的升力，故经常采用有两个翼面的双翼机布局。人们吸取桥梁建造方面的经验，把上下两副机翼通过支柱和张线连成一个桁架梁，以提高机翼刚度，减轻结构重量。随着飞机速度的不断提高，双翼机支柱和张线的阻力越来越大，成为提升速度的主要障碍。高强度铝合金问世后，人们已有可能制造出结构重量不太大而又能承受大载荷的薄机翼。从20世纪30年代起，双翼机逐渐被单翼机取代。在现代的飞机中，除对载重量和低速性能有特殊要求的小型飞机外，双翼机已不多见。

又如，业界有“一代材料，一代飞机”的说法，这是航空工业发展的生动写照。最早的飞机是用木头和布做成的，1915年出现了第一架全金属材料制作的飞机，接着铝合金、钛合金、复合材料先后成为飞机机体材料的主流。每一次材料的交替与更新都是

1903年莱特兄弟发明的第一架飞机

1927 年林德伯格单人飞越大西洋的飞机

飞机制造技术发展的一次革命。如今，碳纤维复合材料在飞机、发动机结构材料中的地位十分关键，它比铝还要轻，比钢还要硬，其密度是铁的 1/4，强度是铁的 10 倍，化学组成非常稳定，具有高抗腐蚀性，适用于航空和航天飞行器。

在航空领域，其他重要创新不胜枚举，如飞机机翼的各种流线型翼剖面设计、螺旋桨推进器、涡轮增压器、喷气发动机、航空燃油、飞行控制系统、自动驾驶系统、空速管、空中交通管制系统、起落架，各种增加升力减阻技术、救生装置、隐身技术……

“创新决定着航空工业的未来”成为人们的共识。但是在科技高速发展的今天，要预测未来 100 年飞机会发生哪些变化，是十分困难的，有些可能是现在人完全想象不出来的。目前所能做的事，只是根据正在进行的预研项目，探讨近期可能发生的变化。

开发中的有可能在未来飞行器上获得应用的新技术列举如下：

1. 新颖奇特的外形设计

过去飞机外形的确立主要是空气动力学研究的结果，但随着复合材料、主动控制、隐身等技术的发展，能对飞机气动外形产生影响的因素越来越多，未来的战斗机可能会变得稀奇古怪：有的没有机身，有的机翼呈 X 形，还有的采用新颖的伞形翼、圆形翼、环形翼、弧形或弓形翼；过去最常见的、超声速阻力较小的圆锥形和弹头体形的机头将会逐步被菱形截面机头和鸭嘴形扁机头所取代。

世界上最大的运输机安 -124 的起落架（24 个轮子）

P-47D 后三点起落架

波音公司未来飞机方案

洛马公司未来飞机方案

诺格公司未来飞机方案

几年前，美国NASA分别与洛克希德·马丁、诺斯罗普·格鲁门及波音三家公司签订了飞机设计合同，要求三家公司提出2025年民用飞机的设计方案，要求飞机要突出绿色节能的特点，未来飞机除了要比目前现有的客机更省油外，还要更大、更快、更安静。

三家公司的方案风格迥异、各不相同：波音公司采用飞翼布局（简单说就是采用翼身融合技术，看上去只有机翼、没有机身，机身和机翼融为一体）；洛马公司的方案像是波音787改进型；而诺格公司选择了独特的混合机翼设计。最后，NASA到底会青睐哪一家，还需要进一步论证、完善。

2. 综合动力/升力技术

在以往的飞机设计中，飞机的空气动力外形和动力装置基本上都是分别研制，然后再组合在一起的。它们的分工很明确，机体产生升力、侧力（当然也会产生阻力）和操纵力矩，而发动机则提供用于克服飞行阻力的推力。但随着技术的发展，它们的界限开始模糊起来，二者相互渗透。先是为了改善发动机的工作状态，出现了“进气道、发动机、尾喷管一体化”设计，后来又发明了能提高飞机性能的多种动力/升力技术和推力矢量技术，使发动机也参与升力和操纵力矩的产生和控制。

还有一种利用发动机喷流增加升力的技术，称之为VEOW翼，该技术是将大长宽比的二元喷口与机翼组合成一体，使尾喷流及其诱导出的气流高速经过机翼上表面，以增大机翼上下表面的压差，达到提高升力的目的。将大长宽比的矩形喷口置于翼上，还有助于遮挡喷口的红外信号，使喷流与外界冷空气迅速掺混而降温，改善飞机的红外隐身特性。

3. 效率更高的发动机

目前，国外正在预研的一些新技术将有可能使发动机的推重比猛增到20！发动机推重比是指在标准大气和静止的条件下，飞机发动机在最大工作状态时所产生的推力与其结构重量的比值。它是衡量发动机性能的一个重要指标，也是衡量发动机设计、材料和加工工艺水平的综合性能指标。推重比对飞机的飞行性能和有效载荷等都有直接影响。现代涡轮喷气发动机的推重比约为3.5~4.5，加力涡轮喷气发动机约为5~7，加力涡轮风扇发动机可达8以上，高性能的加力式涡轮风扇发动机的推重比可达12~15，用于垂直起落的升力发动机则高达16以上。

要想达到这一指标，就必须想办法提高涡扇发动机的压比和涡轮前温度，改善三元流设计，减少零部件的数量和重量，提高它们对温度、压力的承受能力。为此，关键是要研制出重量轻、强度大、耐高温的新型材料，如高级钛合金、陶瓷基复合材料、单晶叶片等，以及高精度、全功能的电子调节系统和状态监控系统。

改进吸气式发动机性能的另一条思路是，将其复杂的“五脏六腑”去掉或大大简化，采用高新技术，发展出能满足亚声速、超声速和高超声速飞行需要的新型冲压式发动机、组合式发动机，以及脉冲爆燃式发动机。这类发动机由于结构简单、重量轻、能承受很高的工作温度，因此，可轻而易举地使推重比达到20以上，是未来高超声速战斗机、侦察机非常理想的动力装置。

俄罗斯索洛维耶夫设计局D-30发动机，用于米格-31、伊尔-76、伊尔-62、轰6K、运20等飞机

总之，要提高发动机推重比，绝不是轻而易举的事情，首先要改进风扇和压气机、燃烧室、涡轮和尾喷管等部件的设计技术；其次还必须发展宽弦风扇叶片、整体叶盘、复合层板冷却结构、浮壁式火焰筒、定向凝固和单晶精铸，以及热障涂层等先进制造技术，保证发动机的生产和加工满足要求。

近年还有很多新技术将会在航空发动机领域获得应用，如：

——大数据，通过有效的数据分析获取深入的、有价值的、智能的信息。可视化分析、数据挖掘算法、模型预测分析、数据质量和数据管理等大数据分析方法均已成为决定数据价值的关键因素。各大发动机制造商纷纷建立数据实验室，期望通过使用人工智能，机器学习和新的分析手段进一步对数据进行“财富”挖掘，实现成本节约。

——增材制造技术颠覆创新。增材制造（又称 3D 打印）是以数字模型为基础，将材料逐层堆积制造出实体物品的新兴制造技术，将对传统的工艺流程、生产线、工厂模式、产业链组合等产生深刻影响。增材制造让零件设计更加自由，为航空发动机关键技术突破和性能指标提升带来更多可能性。截至目前，中国航发和其他国内科研机构先后针对涡轮气冷叶片、燃油组件、壳体、封严块、喷嘴、整体叶盘、整体导向器、轴承座、叶栅等零件开展了增材制造技术探索研究，取得了积极进展。

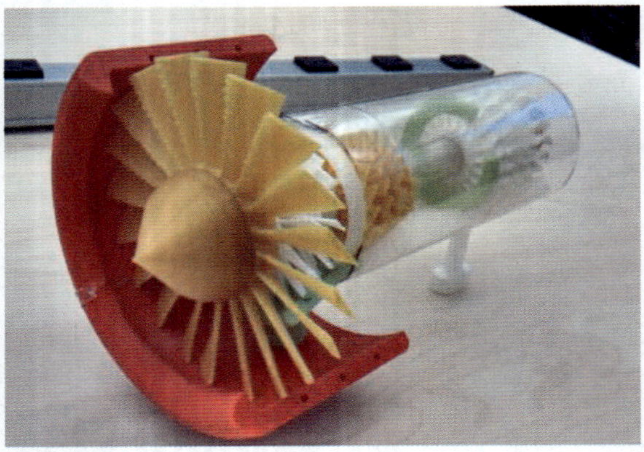

3D 打印出来的喷气发动机的涡轮

——材料技术不断取得突破。航空发达国家都高度重视发动机材料技术的发展。高温合金仍将是高温涡轮部件的关键技术之一，陶瓷基复合材料（CMC）高温部件应用也进一步深入，GE 公司预测在未来 10 年内发动机中陶瓷基复合材料的应用量将增加 10 倍。石墨烯被誉为已知的世界上最薄、最坚硬、导热性及导电性最好的纳米材料。高性能石墨烯复合材料的出现为增强航空发动机材料力学性能、热学性能、耐腐蚀性能等综合性能提供了更多途径。

——混合电推进技术方兴未艾。在燃气涡轮动力依然占据主流、电推进技术尚未成熟的今天，集电推进与燃气涡轮之所长的分布式混合电推进系统开始初显锋芒。分布式混合电推进系统，是指通过传统燃气涡轮发动机带动发电机发电，为分布在机翼或机身上的多个电动机 / 风扇提供电力，并由电动机驱动风扇 / 螺旋桨提供全部或绝大部分推力的一种新概念推进系统，能大幅提高发动机等效涵道比，在减轻结构重量，降低油耗、噪声和污染排放方面具有优势。

4. 智能化蒙皮

科学家们正在研究把微型传感器、微处理器、光纤、压电材料等植入飞机的复合材料蒙皮和承力结构中，使之能感受外界的声、温、压、电磁等的变化，并随之做出反应。例如，正在开发的一种“任务自适应机翼”，可以根据飞机的速度、流场的变化自动改变翼型，以降低飞行阻力。它借助密布于机翼蒙皮上的传感器网，“感觉”翼面上各部位的压力，然后把数据传送给计算机，计算机经过测算后再控制安装在翼内的作动筒或压电作动器，不断改变机翼上下表面的曲率，使之自动适应飞行环境。

据报道，美国 NASA 和空军联合支持的“系统研究机”项目在智能蒙皮 (Smart Skin) 上获得重大进展。该技术利用超材料设计，将 F-18“大黄蜂”的垂尾变身为机载通信天线和合成孔径雷达（SAR），从而实现超材料智能蒙皮的共形设计。采用该智能蒙皮，飞机可实现“全方位、多任务”的快速雷达波束扫描，同时能保证“高机动、低可探测性”的关键指标。

在 F-18 上试验“智能蒙皮”

另一种有发展前途的材料是“形状记忆”合金。这种合金具有一些奇异的能力和特性，在施加了一定热量时，它会以很大的力量迅速恢复形状。

5.“灵巧”可变的飞机结构

目前，国外的有关单位正在研究可在任意方向上进行可控变形的机翼。这项被称为“跳蛙”的技术采用一种先进的灵巧结构和智能化的控制系统，来适应改变飞机形状的要求。该技术可使在空中飞行的飞机在不同速度、迎角状态下，根据指令或自动改变机翼的后掠角、平面形状、弯度、扭转度、弧度、翘曲度等，甚至还能自行构造出翼尖小翼。灵巧的变形机翼对于改善飞机的机动性能、起降性能和安全性能具有不可估量的价值，如弹性变形机翼有望节约燃油 20%。

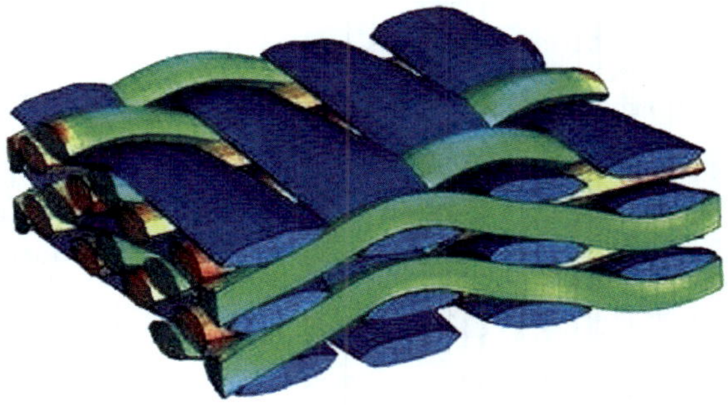

研究中的变形材料

6. 先进的“人工”控制技术

近年来，微电子技术、智能计算机技术、语音识别技术已取得较大发展，机载声控系统已日渐成熟，个别先进战斗机已准备将其装机使用。

利用飞行员眼球的转动和脑电波脉冲信号控制飞机的技术已在实验室中取得进展，获得了一些可喜的成果。例如，已可用眼睛的目光锁定出现在显示器上的目标，或调出其他信息；用超导试验头盔已可测出大脑思维活动产生的电磁场的变化，测出飞行员的疲劳和过载情况，并能对飞行员因大过载而引起的昏厥和缺氧进行告警等。

研制中的人工智能机器人

当然，若想实现用脑电波控制飞机尚有一段很长的路要走。因为要确定大脑各个部位的功能、完整地采集脑电波已属不易，而将这些信号放大，进行正确分析、理解就更困难了。不过，由于用脑电波控制飞机的前景十分诱人，发达国家仍会斥巨资进行探索。从目前的情况看，随着研究的深入，也许再有一二十年的时间，这项技术就可取得突破。

7. 信息化的座舱

座舱显示技术下一步的革新方向是发展大屏幕平视显示器，大平显的优点非常突出，飞行员不必一会儿低头观察仪表，一会儿抬头搜索外界。他可以始终将视线投向窗外，在搜索目标的同时，从大平显上得到飞行和空战数据。大平显的面积约为现在的综合显示器面积的10倍，它可提供任何特定时间内所需的全部信息。

大屏幕显示器

近年来，在计算机领域出现了一种称为虚拟现实的技术。这项高级计算机模拟技术可使操作者不是被动地观察人工环境，而是与之交互作用，看来很快会被移植到航空领域。目前已初步应用于飞行模拟器。一些发达国家希望用十余年时间，能研制出机载和地面通用的“虚拟现实座舱”（又称“虚像座舱”）。飞行员坐在这样的“超级座舱”内，必须穿戴特殊的头盔、数据服和数据手套，否则他可能什么也看不到、摸不到。当飞行员把系统插口接好后，中央电子舱便会通过光缆把计算机三维图像、符号等投射到头盔全息护目镜上，把立体音响信号传入耳机中。于是，飞行员便置身于一个虚拟的三维视觉、听觉和触觉环境中。

在2017年天津直升机博览会上，就展出了AC352直升机综合程序训练器和重型交互式虚拟座舱，将直升机飞行员的驾驶舱带到了展会现场，吸引了不少参观者“一试

虚拟座舱

身手”。据介绍，重型交互式虚拟座舱可以模拟直升机的座舱设备操作界面，同时引入了 VR 技术，展现完整的驾驶舱内部结构、空间范围和主要设备布局评估，还能模拟直升机外部视觉和声音环境，具备飞行体验功能。

8. 智能化的“计算机副驾驶”

为了在复杂情况下减轻飞行员的负担，起到分忧解难、严格把关的目的，未来战斗机上将配有一名智能化的“计算机副驾驶”，这位“副驾驶”可执行和接管许多工作，如主动控制飞机的各个活动翼面的偏转，使飞机稳定或机动飞行；及时调节机翼的前、后缘机动襟翼，使翼型根据不同的飞行状态和速度自动改变弯度，以获得最佳的性能和经济效益；帮助机上乘员监控机载各系统的工作，及时处理突发情况；为飞行员提供航路修正参考、敌情分析、武器选择、话音告警、飞行状态控制等。这样，飞行员就可对飞机实施无顾忌的操纵，把更多的精力用于对空和对地作战上。

随着机载探测技术、通信技术、智能技术的趋于成熟，“计算机副驾驶”也会日渐成长，更多地分担飞行员的工作。自动化程度的提高使飞行员越来越像个监督员，而不是操纵员。终有一天，“计算机副驾驶”将取代飞行员的位置成为“正驾驶”。到那时，有人驾驶的战斗机就会变为智能化的无人驾驶战斗机了。

9. 全频谱化的隐身技术

要想让隐身战斗 / 攻击机在昼间也能遂行突防、精确对地攻击任务，必须完善其“全频谱”隐身性能，使之变得可视性很低。因此，除了需要进一步改进飞机对米波、微波波段的雷达隐身性能外，研究重点应扩展到全机的红外隐身和目视隐身方面。

为了使雷达、红外探测器、光学探测器、激光探测器和人的肉眼均难以发现作战飞机，首要的任务是研制出能对雷达波、红外波和光波都有效的隐身涂料。研究表明，如果在机体表面适当开槽或在某些部位加一段与入射波成比例的导线，形成阻抗加载，也能降低飞机雷达截面积。将某种放射性物质覆盖在机体上，可使飞机表面附近的局部空间发生电离，形成能吸收雷达波的等离子体。

除了上述隐身技术外，专家们还在探索介电夹层材料、电损式（或磁损式）夹层材料、有源加载（有源对消）技术，研究用导电聚合物浸渍的织物制造具有隐身效果的结构等。

二、研制中的军用航空器

1. 不少国家热衷研制第五代战斗机

(1) 世界上第一种五代机是美国的F-22“猛禽”，是1985年9月为应付苏联新研制出的第四代战斗机苏-27和米格-29带来的挑战而推出的“先进战术战斗机”（ATF）计划，以满足对21世纪初的战场环境和作战样式的需求。其设计特点是具有超声速巡航能力、隐身性能、机动性能与敏捷性、超视距作战能力和全环境作战能力、远程作战能力和短距起降能力等。有人将上述要求概括为“4S”，因为长时间超声速飞行、隐身、超机动和敏捷、短距起降4种能力的英文词的第一个字母都是S。

1997年9月7日，F-22首次试飞，2005年12月15日正式服役。美国空军准备用F-22替代F-15，用另一种五代机F-35

俄罗斯四代机苏-27

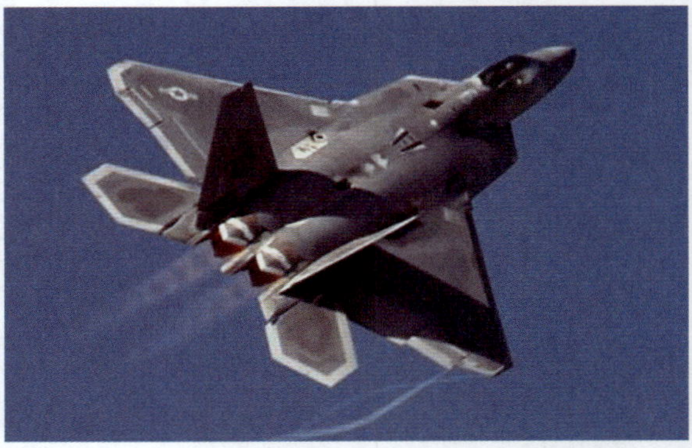

美国五代机F-22

替代 F-16，由 F-22 和 F-35 形成新的“高 - 低”和“重 - 轻”搭配。F-22 每架成本高达 1.3~1.4 亿美元，如果加上研制和部署费用，每架 F-22 耗资约 3.3~3.5 亿美元。自 F-22 计划开始以来，其采购数量随着时间的推移不断下降：从 1985 年招标时预计的 750 架最后降到 2010 财年国防预算案中的 187 架。最后一架 F-22 于 2011 年 12 月交付之后，生产线果真就被关闭了。近年美国国内有重开 F-22 生产线的呼声，但是高昂的费用无论对谁都是一个需要认真权衡的问题。

(2) F-35“闪电”II 是美国第二种五代机，源于 20 世纪 90 年代初，随着冷战时代结束，美国大幅度削减国防预算，加上新机研制费和成本猛增，美国军方和航空工业都难以支撑，不得不强调走通用化的发展道路。1993 年，美国国防部和空、海军推出“联合先进攻击机技术”(JAST) 计划，旨在验证一种新的多军种、多任务的战斗攻击机 。经过 X-32 和 X-35 两种飞行验证机的竞争，2001 年 10 月 X-35 获得继续研制的合同。在接下来的 5 年时间里，洛马公司为克服结构超重、控制成本上升、增加隐身能力和适应多方需求等做了大量工作，终于在 2006 年 7 月完成了从 X-35 到 F-35 的过渡，新飞机被正式命名为“闪电”II。从 2006 年 10 月底开始到 2009 年 7 月，15 架发展型 F-35 陆续投入试飞。

F-35 分别装 F135 发动机的三种不同型别——常规起落 A 型装 F135-PW-100、舰载短距起落 C 型装 F135-PW-400、短距起飞和垂直着陆（STOVL）的 B 型装 F135-PW-600。F135 是继 F119-PW-100 发动机装备隐身战斗机 F-22 之后，世界上第二个推重比大于 10 的战斗机动力系统，也是当今推力最大的军用加力涡扇发动机。

经过多次推迟后，F-35B 和 F-35A 第一个中队分别于 2015 年 7 月和 2016 年 8 月在美国海军陆战队和美国空军做好战斗准备。美国计划采购 2663 架装备空军和海军

F-35 B“短距起飞和垂直着陆”型（STOVL）装 F135-PW-600 发动机

陆战队，预计到2037年交付完毕，服役延续到2070年。除美国外，其他已经开始装备F-35的国家还有英国、挪威、荷兰、澳大利亚、意大利、日本等。

在使用初期，不断出现各种问题，如软件问题、结构问题，拦阻钩用过一次就有磨损、发动机舱过热、尾翼热损耗，弹射“过度、猛烈”造成振荡等，特别是费用超支。有报道说，F-35迄今研发投入了4065亿美元，一架从工厂走出的F-35裸机价格在1亿美元左右，若配备完整的武器系统和保养设备，则需1.5～2亿美元。美国当选总统特朗普在2016年12月在社交媒体上“点名批评”F-35成本“失控”，洛马公司随即发表声明称，此前已将F-35战斗机降价超过60%，预计到2019年和2020年，F-35价格会降至每架8500万美元。

(3) 苏-57战斗机是俄罗斯联合航空制造公司旗下苏霍伊航空集团研发的，是俄罗斯用于对抗美国F-22/-35的五代重型战斗机。苏-57前身为T-50战斗机，2010年1月29日首飞，迄今为止制造了10架能飞行的试验机，2010年到2015年秋5架原型机完成了700架次试飞，2017年8月11日被正式命名为苏-57。目前计划2019年服役，用于替代苏-27战斗机。

苏-57最大起飞重量35000千克，超声速巡航速度可达每小时1450千米，最高时速2140～2600千米，作战半径1200千米，战斗载荷可达6吨，内置4个武器舱，能实现飞行性能和隐身性能的良好结合，具备空中格斗和对地攻击能力，具有隐身性能好、起降距离短、超机动性能、超声速巡航等特点。

俄罗斯的五代机苏-57

在T-50（苏-57的前身）计划初期俄罗斯就和印度的“第五代战斗机项目”（FGFA）合作，即以T-50为蓝本，根据印度的需求进行专门修改，进而做成一款印度版。2012年，苏霍伊总裁米哈伊尔·波戈相曾经对媒体说，俄印FGFA项目将有1000架的巨大市场，俄、印各自购买200架，其余600架可以向国际市场提供。但是现实远没有想象中的蓝图那么美好，印度人发现，在合作过程中俄方不断要求印度投资（据称，迄今为止印度投资已经超过100亿美元），而项目却进展缓慢，而且严重超支。特别是俄方不想向印度转让技术，最终激怒了印度。据英国《简氏防务周刊》披露，印度已于2018年4月20日通知俄罗斯正式退出持续了11年的俄印合作计划。

中航成飞公司研制的歼20

中航沈飞公司研制的歼31

2019年5月15日，俄罗斯总统普京说，国防部需要采购76架苏-57。原来准备在2027年前按国家军备计划要求采购16架苏-57，但得益于各方的努力和生产成本的降低，各方已经商定把采购数量提高到76架，合同将于近期签署。他强调，在2028年之前要让空天军3个航空团换装苏-57。

(4) 歼20和歼31是中国的两种五代战斗机，前者在第三章已经做过介绍，这里不再赘述。

歼31“鹘鹰”是中航工业沈阳飞机工业集团公司针对国际市场需求研制的第五代单座双发隐身战斗机，具有自主知识产权。歼31采用单座、双发、DSI进气道、梯形主翼、外倾双垂尾、全动平尾的正常布局，两侧布置大S弯进气道，并有内置弹舱。2012年10月31日歼31成功首飞，使中国成为世界上第二个同时试飞两种五代机的国家。歼31可望与歼20形成“高低搭配”，并拟推出隐身战斗机的出口型号，还有发展为替代歼15的新一代隐身舰载战斗机的潜力。2014年11月，歼31首次亮相第十届中国珠海航展并进行飞行表演。

(5) 其他五代机。除上述几种五代机外，世界上还有一些五代机计划，是各国基于自己国家战略的考虑而竞相研制的，但是由于种种原因，进展缓慢或干脆夭折了。这类计划有俄罗斯的米格 -1.44（苏联米高扬设计局以米格 -31 为基础研制的双发单座发展型，因资金问题只生产出一架技术验证机）、苏 -47（苏霍伊航空集团研发的超声速试验机，曾使用 S-32 和 S-37 编号，目前停止研发）；伊朗自主研制的 F-313“征服者”（2013 年 2 月 2 日曝光，据称有一定躲避雷达侦察及低空战斗的能力）；韩国与印尼联合研制的 KF-X（研究目标是成为一款性能超越欧洲“台风”和“阵风”的双发隐身战机）；日本 ATD-X 技术验证机，又称“心神”；土耳其 TFX 战斗机；印度 AMCA 计划（目标为设计一款单座、双发动机、第五代隐身多用途战斗机）。

对日本的“心神”，值得多说几句。二战之后，日本航空自卫队的装备绝大部分是由美国援助和扶持生产的。但日本试图摆脱对美国的依赖，以避免受制于人，其打造“日式战机”的努力从未停止。“心神”是日本防卫装备厅委托三菱重工名古屋小牧南工厂研发的一款技术验证机，为日本自研第五代战斗机做技术铺垫。为此自 2009 年起、投入约 400 亿日元（约合 23 亿人民币），如果算上前期关键技术和发动机的研发时间，总共耗时长达 20 年，决心可见一斑。从

日本“心神”技术验证机

2016 年 4 月 22 日首飞到 2017 年 10 月 31 日，“心神”总共进行了包含各种试验和测试在内的 32 次飞行。日本原定对“心神”试飞中积累的数据进行分析后，确定下一代战机是独立研发，还是联合研发。2018 年 3 月，日本防卫省宣布政府决定不再考虑 2030 年之前开发国产战斗机。在 F-2 退役后，其后续机型将以国际共同开发为基础，也不排除继续引进 F-35A。有人认为，美国需要日本购买自己的装备、充当美国发展新技术的“提款机”，多次拒绝向日本出让核心技术，这可能是日本中途下马的重要原因。

2. 六代战机初露端倪

美国出于保持空中力量的绝对优势、保持技术的领先地位等全球战略的需求，10 多年前就开始酝酿第六代战斗机。2007 年 10 月，美国空军率先开始对第六代战机的具体需求展开研究，随后美国海军也在“下一代

空中优势”计划框架下，对海军型第六代战机的能力需求进行了评估。经过前期论证，他们分别发布第六代战机“能力需求信息征询书”，要求工业界提供关于可在2030年左右形成初始作战能力的新战机计划草案。

对六代战机的描述，目前大多还在讨论中。据认为，六代战机将通过全翼身融合和大升阻比设计，使飞机在各种高度、各种姿态下的隐身性和机动性都得到很好的兼顾。从直观来看，六代机的曲面外形扁薄、平滑而流畅，传统意义上的机身、机翼和尾翼变得模糊。它将在保持五代机高隐身性的同时，更加注重远程甚至超远程打击能力。其实现途径，除了追求超声速、长航时飞行外，将突出超高速、超远程打击武器的应用。

第六代战斗机模拟图

3. 轰炸机再展雄风

战略轰炸机，是指用来执行战略任务的远程轰炸机。它是战略核力量的重要组成部分，是大量核武器的主要运载工具和构成核“三位一体”的一极。它既能带核弹，也能带常规炸弹；既可以近距离投放核炸弹，又可远距离发射巡航导弹，可做战略进攻武器使用，在必要时也遂行战术轰炸任务，支援陆、海军作战。作为“三位一体”的核力量，是一个政治大国不可缺少的政治手段。即使在和平时期，它也具有不可小觑的威慑力量，任何一个大国都不会忽略它的存在。

装备战略轰炸机的国家不多，美国有B-52、B-1和B-2，俄罗斯有图-95、图-22/M3、图-160等。冷战结束后，美国一度调整全球战略，其中包括叫停发展“下一代轰炸机”计划，转而对现役老飞机进行升级改

B-52轰炸机

B-2轰炸机

造，以满足现实需求。但不久美国又启动了较为高端且更为廉价的“远程打击轰炸机”（LRS-B）项目，从而使美国新型战略轰炸机的发展计划起死回生。2015年10月27日，五角大楼宣布诺斯罗普·格鲁门公司赢得LRS-B项目。

2016年2月，美国空军正式公布新战略轰炸机定名为B-21“突袭者”，预计2025年服役，美军计划采购100架，用于取代部分B-1和B-52，单价约5.5亿美元。B-21为高亚声速中型战略轰炸机，采用类似B-2的飞翼式布局，但仅使用两台发动机，体积也只有B-2的一半。B-21航程超过10000千米，仅有一个旋转武器弹舱，载弹量约为B-2的一半，可以使用美军现役战略轰炸机所有的武器。从美国空军的招标要求看，B-21将具备如下特性：高度隐身性；全天候超低空飞行能力；先进的电子战和势态感知能力；具备“载人”和“无人”两种驾驶模式；高度模块化设计以方便快速改装和升级；为未来新概念武器预留接口；易于保养和维护，环境适应性强，可在全球各地快速部署。

面对美国的战略挤压，俄罗斯采取两个步骤，一方面对现役装备升级，另一方面也开始研制新一代战略轰炸机。

图-160目前是世界最大的轰炸机，主要以高空亚声速巡航、低空亚声速或高空超声速突袭为主，对敌机防空网进行攻击，也可以担任防空压制，常常使用KH-101巡航导弹，但是没有使用精确制导和空地导弹的能力。俄罗斯宣布，对图-160整个机队进行改造，只保留机身，而所有机载无线电电子设备和发动机将被更换，预计2021年投入批量生产，2030年全部完成。通过升级，新的图-160M2将能使用精确制导导弹和俄

美国新一代B-21轰炸机

罗斯自己的“格洛纳斯”全球卫星导航系统，使其作战性能将比图－160提高2倍，能与美军B-1轰炸机抗衡。

在研制新轰炸机方面，俄罗斯卫星网2015年5月报道，国防企业已经开始进行新一代战略轰炸机“未来远程航空兵系统”（PAK DA）的研制工作。新机将装备全新的系统，以支持新型机载高精度武器系统设备。另据相关报道，新机将具有超强的隐身能力和强大的火力，可以保证俄罗斯空军未来与美国拥有同档次的战略轰炸力量。新轰炸机将完全替代俄现役的图－160、图－95MS、图－22M3，俄空军总司令邦达

图－22M3

图－95

《大国起飞》宣传片首次披露一款疑似新型远程轰炸机的前向轮廓图，引起各方广泛重视

列夫透露，新轰炸机将在2023年开始服役。

2018年5月，航空工业发布了纪念西安飞机工业（集团）有限责任公司创建60周年的《大国起飞》的重磅宣传片。宣传片首次披露一款疑似新型远程轰炸机的前向轮廓图，引起各方广泛重视。专家表示，从画面来看，这种飞翼布局的战机应该就是饱受关注的中国远轰。专家认为，在首飞之前提前公布这种战略型号，在以往非常罕见，这说明目前中国研制这类飞机已没有不可克服的障碍，也说明中国航空工业越来越自信。

4. 未来的军用直升机

作为一种战术平台，近年来，军用直升机的角色发生巨大的变化。从执行伤员后送任务，到执行支援地面和海上力量的进攻性角色，军用直升机的身影贯穿于作战的全过程，又渗透于战争的各个领域。在未来战争中，军用直升机是一支重要的火力突击力量。

它行动迅速隐蔽、杀伤力大，不仅可以直接参加空袭，为地面部队提供火力支援，还能迅速摧毁敌方坦克、装甲车等有生力量，享有“坦克杀手”的美誉。

——直升机发展的第一方向是高速度，能否快速进入、退出战场直接影响其安全性，目前世界各国都在探索高速领域。目前直升机的巡航速度一般在 200 ~ 300 千米 / 时，研制中的新型直升机巡航速度要达到 400 ~ 500 千米 / 时，使其机动性、作战能力及运输效率大大提升，同时续航时间也相应延长 2 ~ 3 倍。

美国西科斯基公司推出新一代高速攻击直升机 X-2，主要是通过采用现代先进技术，将主旋翼、推进尾桨和发动机进行综合一体化设计，在直升机机身的水平中心轴上分别安装一个纵向和横向的螺旋桨旋转系统，当两个螺旋桨旋转系统同时工作后，就会大大提高直升机的水平飞行速度。目前，各国巡航速度最快的直升机，最高时速一般在

X-2 直升机

250 ~ 350 千米；而 X-2 最高时速将达到 463 千米，是美国现役“黑鹰”速度的 2 倍，“阿帕奇”的 1.5 倍。

——提升直升机的战场生存能力，包括隐身技术、结构设计和材料等。采用先进的隐身技术，不仅提高武装直升机攻击的隐蔽性，而且战场生存能力也大大增强。其他措施还有采用先进复合材料旋翼系统，不断提高桨叶气动特性、旋翼总体性能及直升机的机动能力；采用综合显示、任务计算机、高速数据总线和先进火控集成系统，配备有高级的红外、激光和电子对抗设备，以提高战场生存能力；加强自身防护，如对机身与起落架采用适坠性设计，具有良好的坠毁生存能力，一旦发生坠落事故时，能有效保护飞行员不受伤害。

——向智能化挺进。目前的直升机飞行员在操作时压力很大，未来随着电传飞控等技术的发展，直升机操作将像开汽车一样方便，非常简单、“傻瓜”化，大幅度减轻飞行员的工作强度。

——采用模块化设计，提升部队的自身保障能力。当直升机在使用中出现问题后，不需要厂家设计人员就能够独立更换故障部件，快速解决问题以提高战斗力。

5. 大力发展军用无人机

在现代高技术条件下，无人机既能执行

美国空军的RQ-4“全球鹰”

常规作战任务还可以执行特种作战任务，包括精确打击、定点轰炸，代替人员在核生化或其他特殊条件下执行作战任务。从而有可能对未来空战的组织编制、作战原则、战术思想乃至国防战略思想带来变革，给未来的防空作战带来巨大的挑战。

军用无人机正在向高空、高速、长航时发展。美国的RQ-4“全球鹰”是当前高空长航时无人机的代表。该机翼展35米，机长13米,能不间断飞行40小时,飞行高度19.5千米,大大超过喷气式战斗机和截击机的飞行高度,目前该机已经投入到实战中。从1998年首飞到2018年年中，“全球鹰”机队累计飞行超过20万飞行小时。2019年6月，一架RQ-4在飞越伊朗空域时被击落。

未来军用无人机的发展方向还有大量使用雷达吸波材料、高强度复合材料并安装低噪声发动机，优化总体设计以尽量减小雷达截面积，采用红外特征抑制技术，向机体隐身化、小型化、微型化方向发展；向系统集成化、传感综合化、载荷模块化方向发展；向任务多样化、飞控智能化方向发展。

中国彩虹4无人机

三、未来的民用航空器

人们都想知道“未来飞行，我们乘坐的飞行器将会是什么样子？”上网搜索一下，会得到许多答案。

1. 翼身融合体成为关注的焦点

迄今为止的常规飞机一般是由机翼与机身两个部件接合而成的，在机翼与机身的交接处，机身的侧面与机翼表面构成直角（或接近于直角），这样的组合，由于浸润面积大，阻力也较大。为了减少翼身组合带来的阻力，有些飞机在机翼与机身的交接处增装了整流带（又称整流包皮），使二者间圆滑过渡。后来，研究人员根据翼身整流带的优缺点，提出了翼身融合体的概念（blended-wing body，BWB 或 hybrid-wing body，HWB），即把飞行器的机翼和机身合成一体来设计制造，二者之间没有明显的界限。翼身融合体的优点是结构重量轻、内部容积大、气动阻力小，可使飞机的飞行性能有较大改善。后来还发现，由于消除了机翼与机身交接处的直角，翼身融合体也有助于减小飞机的雷达截面积，改善隐身性能。

人们对未来民用客机提出了更多更高的技术要求，如对节油、减排、降噪、降低成本和清洁环保的要求。传统常规气动布局的客机已无更多潜力可挖，而翼身融合气动布局客机的环保优势正受到人们越来越多的关注。

早在 2007—2010 年，波音公司和 NASA 德莱顿飞行研究中心就用 X-48B（一种按比例缩小的飞机模型）完成了 92 次飞行。接着在 2012 年 8 月到 2013 年 4 月，双

波音公司主持的 X-48B 翼身融合体试验机

方又用在 X-48B 基础上改进的 X-48C 进行了 30 次试飞，通常每次飞行约 30 分钟，飞机达到 225 千米 / 时速度和约 3048 米高度。试飞结果显示，X-48C 能显著提升燃油效率、降低噪声，并且能和传统的圆筒机身 - 机翼设计一样在起飞、着陆和其他低速飞行包线段实施有效操纵。X-48 验证了将飞机机翼与机身有效融合的三角形无尾设计的可行性。波音公司认为这一设计概念有望在 15~20 年后用于空中加油或运输任务的军用

波音公司和 NASA 研制的 X-48C 试验机

飞机，以及民用客机的设计开发中。

采用翼身融合设计的 X-48，左边是 B 型、右边是 C 型。由三台发动机换成功率较大的两台发动机。宽阔平坦的机身与机翼融为一体，成为一块“三角板”。整个飞机就仿佛一块机翼，大幅提高了飞机攀升能力，运载能力也随之增强。

2. 未来会是高空高速飞行时代

最早开发超声速客机的是英国和法国，1962 年两国决定联合研制“协和”号。此时，苏联凭借自己的航空科技实力抢先一步，研制出图 -144，使自己成为世界上第一个拥有超声速客机的国家。1968 年 12 月 31 日，图 -144 原型机（CCCP-68001 号）首次试飞成功，比 1969 年 3 月 2 日首次试飞的“协和”早两个多月。图 -144 机身细长，三角翼，机头能下垂，单垂尾，没有平尾，翼下装 4 台喷气发动机。1970 年 5 月 26 日，图 -144 在 1.63 万米高空速度达到 2150 千米 / 时，成为世界上第一架达到两倍声速的客机；1977 年 11 月开始提供载客服务，但 1978 年 5 月 23 日的一次空难导致苏联民航（Aeroflot）于 6 月 1 日叫停图 -144 客运服务，所以客运只完成了 55 个航班，随后还进行过一段货运飞行，到 1981 年全部停飞总共完成了 102 次客运及货运的正式航班。

英、法两国合作研制的第一代超声速客

图 -144（上）与“协和”（下）在设计上有许多不同：图 -144 采用双三角翼，而“协和”采用 S 形前缘三角翼；两者的发动机安装位置也不相同；图 -144 机头两侧装有细条状的鸭翼，起飞和着陆时能够改善三角翼在低速时的性能，“协和”则没有

机“协和”1976 年正式投入使用，但由于经济性差和对环境的影响没有解决，只生产了 20 架，服役的只有 14 架（英法各 7 架）。2000 年 7 月 25 日，法国航空公司一架“协和”号起飞两分钟后坠毁，打破了自投入使用以来一直安全飞行的纪录。到 2003 年 10 月 24 日，全部“协和”结束了自己的使命。至此，这款曾在世界航空界显赫一时的飞机最终走完了它 27 年的光辉历程。

近年来，由于航空运输持续增长，航空技术不断发展，市场有需求，技术上也有可能，欧、美、日等国都在探讨研制第二代超声速客机的可能性。经过论证，二代超声速客机方案的速度 2100 千米 / 时，航程 1.2 万千米，比“协和”号远一倍，最多可载客 250 人，比“协和”号多一倍；票价仅高出普通客机 20% ~ 25%，经济上有吸引力。在讨论大型超声速客机的同时，一些厂家还在考虑研制超声速公务机，首先满足富裕商人阶层的需要。

3. 新一代超声速客机和超声速公务机

高超声速客机是指能在高空大气层以 5~12 倍声速飞行的航空器，军事上能用作

NASA 和洛马公司超声速客机

Aerion 公司 AS2 超声速公务机

在敌方防御火力以上高速飞行的侦察机；也可用作以 5~6 倍声速飞行具有洲际航程的旅客机，能把从美国旧金山到日本东京的 13 小时航程缩短到 2.5 小时。

4. 未来是绿色环保飞行时代

飞机在人们的日常生活中逐渐占据了重要的地位，然而随之而来的飞机出行对环境所造成的不良影响也日益严重。飞机发动机目前使用的传统的石化燃料，就必然会产生排放污染。航空业每年要消耗 15 亿桶航空燃油，排放的二氧化碳占所有交通排放量的 12%，占全球排放量的 2%。随着空中交通需求的增长到 2035 年将会翻倍，并且其他交通方式或发电等行业不再使用化石燃料，航空飞行对环境的不利影响的占比还会增加。

因此，提高燃油效率，降低燃料消耗，是从源头上减少排放的重要一环。使用生物燃料也能对环境保护产生重大影响。生物燃料，包括燃料乙醇、生物柴油等，都将成为航空业的替代能源，能减少碳排放量，满足节能减排的要求。2009 年 1 月 7 日，美国大陆航空公司以海藻油与麻风树油的混合物为燃料，利用一架波音 737 进行了成功的试飞。大陆航空公司宣称，试飞中生物燃料的能效相比标准航空燃油提高了 1.1%，而二氧化碳的减排量达到惊人的 60 % ~ 80%。

挪威航空公司的飞机积极推广使用生物燃料与航空燃油的混合燃料

要推广使用生物燃料，不是直接运营飞机的航空公司一家的事情，包括机场等相关单位都要行动起来。位于斯堪的纳维亚半岛的挪威是签署了联合国国际航协碳中性减排方案的 72 个国家之一，该方案将于 2020 年生效。挪威的国有机场运营商——挪威机场管理公司已推广使用生物燃料与航空燃油的混合燃料，在挪威最繁忙的奥斯陆机场和卑尔根机场，混合燃料可供所有的飞机使用。奥斯陆机场早在 2016 年就成为全球首个供应生物燃料的机场，卑尔根机场从 2017 年夏天开始也在新航站楼供应生物燃料。

还有人在考虑更加无污染的能源供给方式，例如，用氢气、电和太阳能作动力等。电作为日常生活中不可缺少的能源，早已走进千家万户，但由于电能储存的问题难以解决，使它无法作为飞机的能源。现在，借助于高功率密度的锂离子蓄电池技术的发展，有可能出现以蓄电池为能源的电动飞机。

目前正在试验中的多种电动飞机中，以空客公司的 E-Fan 电动飞机比较典型，

空客、罗罗和西门子联合研制的 E-Fan X 电动飞机

飞翼式大型水上飞机

在 2014 年 5 月的柏林航展上，空客正式推出了 E-Fan 这款全新设计的串列双座轻型飞机。空客还与罗罗、西门子公司合作开发"E-Fan X"，旨在将现有飞机改造成电力驱动，其中涉及用功率在两兆瓦的电动机逐步替代 BAe 146 客机的燃气轮机。

瑞士研制的"阳光动力"2 号太阳能飞机，是世界上最大的太阳能动力飞机。2015 年 3 月，它从阿联酋阿布扎比启程，先后停经阿曼、印度、缅甸、中国（重庆和南京）、日本、美国、西班牙、埃及等国的 16 座城市，于 2016 年 7 月 26 日返回阿布扎比降落，完成了全程 4 万多千米的环球飞行，飞行时间超过 500 小时。这是人类航空史上一个新的里程碑，对于洁净能源的开发与使用也别具意义。

5. 节省土地的大型水上飞机

由于受机场起降条件的限制，目前的飞机不可能做得特别大，而水上飞机可以超越陆地机场的局限性，广阔的水域是它们天然的停机坪。英国帝国理工学院的研究人员设计出超大型水上飞机，可搭载 2000 名乘客，相当于 10 多架普通飞机的载客量，可算是民航飞机中真正的巨无霸。

6. 大力发展无人驾驶客机技术

今天，无人驾驶的火车或巴士已经投入使用，无人驾驶交通已成为现实。随着科技的发展，人工智能已经步入我们生活的方方面面。而作为运输业高科技最为集中的航空产业，其自动化驾驶系统也在快速革新。美国波音公司于 2018 年开始测试无人驾驶的客运飞机，并且有望在 2025 年正式投入民航运营。目前，无人驾驶飞机的技术基础已经具备，但无人驾驶客机要走向实际应用，还面临着许多技术以外的挑战。比如，这种飞机需要符合航空旅行安全标准，监管机构也需要时间考虑是否允许向其发放许可。最重要的是，公众什么时候才有足够的信心依靠一个独立的智能计算机系统在天空中翱翔。

7. 先进直升机

航空业界认为，目前固定翼飞机的技术发展已趋向成熟，而直升机技术仍有巨大的尚待开发的潜力，如果投入足够的力量的话，可能会取得突飞猛进的发展。他们提出的目标是：

——降低噪声水平，希望未来直升机舱内噪声从目前的 88~95 分贝下降到 80 分贝以下，与固定翼飞机舱内的水平相当；外部噪声也要比目前国际民航组织规定的标准低 10 分贝。

——把直升机使用成本降低一半，目前直升机座千米成本约为固定翼飞机的10倍。要降低使用成本，需在延长部件使用寿命、降低维护成本、减少部件数量和复杂程度等方面下功夫。

——具备不受气象条件限制的全天候飞行能力，使之能在零能见度条件下飞行，这对参与救援工作特别重要。为此，正在加强卫星导航技术、快速扫描激光束探测障碍物、旋转天线合成孔径雷达等项技术的研究。

——增大巡航速度，预计每小时可达 350 千米。

未来还将出现一系列新概念直升机，其中“倾转旋翼飞机”就是最有前途的一种。这种“倾转旋翼机”是在固定翼飞机机翼的两端各装一副可在水平与垂直位置之间来回转动的旋翼。当飞机需要起飞降落时，旋翼就处于垂直向上的位置，这时，“倾转旋翼

BA609 民用倾转旋翼机

机”就相当于双旋翼横列式直升机；当需要水平飞行时，旋翼就转到水平位置，就相当于固定翼飞机，可以进行高速远程飞行，巡航速度可达每小时 600 千米。

目前，阿古斯塔－韦斯特兰公司在军用 V-22 倾转旋翼飞机技术的基础上，正在研制民用的 BA609 倾转旋翼机。BA609 原定 2007 年取证，但是由于种种原因，多次推迟。

8. 新奇的单人飞行器

让人也能像鸟儿一样在天空翱翔，是人类千百年来的夙愿。尽管 20 世纪发明了飞机，今天几百人能坐在一架飞机里飞越高山大海，但毕竟不能像鸟儿那样在空中自由自在，所以人类在过去几十年里从来没有停止对单人飞行器的探索和开发。

单人飞行器由微型喷气发动机和操纵系统组成。发动机产生的推力足以使单人升空；操纵系统用以保持平衡和改变飞行状态。

2019 年 7 月 14 日，法国国庆日阅兵时一位发明家兼企业家扎帕塔（Franky Zapata）在总统马克龙的见证下，“驾驶”涡轮发动机驱动的“飞行踏板”(flyboard) 在香榭丽舍大街上空“翱翔”。8 月 4 日，他又使用飞行踏板以 22 分钟成功穿越英吉利海峡，全程共计 35 千米。

单人飞行器